U0277711

三维 CAD 软件实用教程丛书

Pro/ENGINEER 实用教程

邱志惠　编著

西安电子科技大学出版社

内 容 简 介

本书是一本关于 Pro/ENGINEER 5.0 绘图软件的实用教程。在介绍 Pro/ENGINEER 的各种基本命令时，本书突出了以绘图建模操作作为主线的教学与学习方法，安排了较多建模实例，以方便读者学习。

本书共分 9 章。第 1 章是绪论；第 2～6 章详细介绍了造型的各种方法；第 7 章讲解了如何将三维模型投影成二维工作图；第 8 章介绍了一般装配图的装配方法；第 9 章简单介绍了机构运动仿真。对这些内容的介绍均以实例为主，读者可依据这些实例的操作练习来学习并掌握 Pro/ENGINEER 的基本命令和绘图及建模技巧。书中全部实例的具体操作均有章可循，并将要学习的命令贯穿其中，详细的作图步骤及配图一目了然。同时，本书在附录中将机械制图的大部分内容做了简介，以便于读者在学习 Pro/ENGINEER 的同时，将其应用于机械制图中。

本书既可作为工科院校学生学习 Pro/ENGINEER 和机械制图的教材或参考书，也可作为广大工程技术人员的自学用书及 Pro/ENGINEER 培训班学员的教材或上机指导书。

图书在版编目(CIP)数据

Pro/ENGINEER 实用教程 / 邱志惠编著. —西安：西安电子科技大学出版社，2011.3(2021.12 重印)
ISBN 978−7−5606−2519−5

Ⅰ. ①P… Ⅱ. ①邱… Ⅲ. ①机械设计：计算机辅助设计—应用软件，Pro/ENGINEER—教材 Ⅳ. ①TH122

中国版本图书馆 CIP 数据核字(2010)第 239314 号

策　　划　陈　婷
责任编辑　许青青　陈　婷
出版发行　西安电子科技大学出版社（西安市太白南路 2 号）
电　　话　(029)88202421　88201467　邮　　编　710071
网　　址　www.xduph.com　　　　电子邮箱　xdupfxb001@163.com
经　　销　新华书店
印刷单位　广东虎彩云印刷有限公司
版　　次　2011 年 3 月第 1 版　　2021 年 12 月第 3 次印刷
开　　本　787 毫米×1092 毫米　1/16　印张 20.75
字　　数　485 千字
印　　数　6001～6500 册
定　　价　46.00 元
ISBN 978 − 7 − 5606 − 2519 − 5 / TH
XDUP 2811001−3

序 一

Pro/ENGINEER 是美国参数技术公司(PTC)推出的一套功能强大的参数化 CAD 系统。该系统采用基于特征的实体模型化技术，适用于工业设计、机械设计、功能仿真、制造和数据管理等领域，可覆盖从设计到生产的全部过程，并可通过修改尺寸达到更改设计的目的。利用这一系统，设计者可将设计意图融入计算机辅助设计，通过参数化模型直观地创建和修改模型，完成设计。

CAD 造型软件包 Pro/ENGINEER 5.0 是美国参数技术公司推出的最新版本，是一套先进的通用机械设计工具，具有强大的三维处理能力。其功能包括实体零件造型、装配造型、渲染、工程图的设计等，可使设计变得更直观、简单。 同时，它还支持各种符合工业标准的绘图仪和打印机，可方便地进行二维和三维图形的输出。此外，它还可进行刀具轨迹的演示，生成数据文件，特别是数控机床可用的数据文件。

Pro/ENGINEER 扩展了普通的实体建模特征，使用户能轻易、快速地生成各种复杂曲面造型，也可根据各种关系和公式来生成壳体设计及艺术造型等复杂的曲线、曲面，被广泛地应用在飞机设计、汽车制造、模具加工等领域。

三维建模及造型技巧是现代每个工程技术人员不可缺少的技能。传统的从一条线、一个图开始绘图的方法正在被三维建模制图所替代，并已成为一种时尚。也正是这种设计理念，使广大工程设计人员提高设计效率、拓展创造性思维的想法成为现实。轻松自如地使用计算机绘图，是工科院校的学生必须掌握的技能之一。

西安交通大学机械学院根据目前国内制造业的情况，选择 Pro/ENGINEER 5.0 作为该学院学生学习工程制图和计算机绘图的软件。本书由邱志惠老师针对西安交通大学机械工程学院学生学习 Pro/ENGINEER 5.0 而编写。该书始终贯彻三维造型理念，并以用户操作过程中的方法和绘图技巧为主线，循序渐进，深入浅出，因此无论对本科生还是培训班学员以及自学者，都是一本很好的教材。

中国工程学院院士

2010 年 12 月于西安

序　二

　　Pro/ENGINEER 是美国参数技术公司（PTC）编制的一套应用于机械制造行业的功能强大的 CAD 系统。该系统被全世界机械制造发达的国家广泛应用于机械制造、汽车制造、飞机制造等领域。

　　该书作者邱志惠副教授在企业从事机械设计 12 年，又在西安交通大学从事机械制图及计算机绘图教学 17 年，并一直参与或主持国家机床设计方面的科研项目。她将理论教学方法和实际设计相结合，编写了这本《Pro/ENGINEER 实用教程》。书中采用以实例为主、循序渐进、深入浅出的教学方法，便于读者快速掌握各种基本命令和绘图技巧，必定对在校学生、广大工程设计人员以及学习 Pro/ENGINEER 的其他人员有很大的帮助。因此无论对本科生还是培训班学员以及自学者，该书都是一本很好的教材。书中的中英文对照还可以帮助学生学习 CAD 方面的专业英语词汇，对学习 Pro/ENGINEER 的外国学生也有很好的帮助。

千人计划特聘教授

陈锦昌

2010 年 12 月于西安

作 者 简 介

　　邱志惠，女，九三学社社员，副教授。中国发明协会会员、先进制造技术及 CAD 应用研究生指导教师、陕西省跨校选课首位任课教员、美国 Autodesk 公司中国区域 AutoCAD 优秀认证教员。1982 年 1 月毕业于西安交通大学，1998 年聘为副教授，现任教于西安交通大学先进制造技术研究所。2007 年美国密西根大学访问学者。2009 年香港科技大学访问学者。主持国家自然科学基金项目"快速成型新技术的普及与推广"；主持国家"高档数控机床与基础制造装备科技重大专项"子项目；国家"863"计划重点项目"IC 制造中压印光刻工艺与设备的研究开发"重要参加人。从事"工程制图"、"计算机图形学的应用技术"、"计算机三维造型及工业造型设计"教学。曾负责设计生产和调试安装生产线，并荣获多项省、厅级科技成果奖。发表教育和科研论文多篇，出版《AutoCAD 实例教程》、《AutoCAD 实用教程》、《AutoCAD 工程制图及三维建模实例》、《Pro/ENGINEER 建模实例及快速成型技术》等多本教材。荣获王宽诚教书育人奖、优秀教材奖及讲课竞赛奖等。

前　　言

　　本书是为机械自动化专业学生学习 Pro/ENGINEER（简称 Pro/E）而编写的一本教材。利用 Pro/E 的造型软件包，可以进行工业设计、机械设计、运动仿真、有限元分析、数字化制造和数据管理等。

　　本书以 Pro/E 5.0 为背景，讲述了平面草图、实体零件造型、装配造型、工程图、装配图等设计功能，介绍了模型、螺纹、弹簧、齿轮、肋板、壳体等常用零件及圆角、倒角、退刀槽等常见机械结构的设计方法。

　　Pro/E 的二维绘图模块可以利用约束及尺寸的修改，快捷并准确地绘制草图，以便造型。同时，它也可以不经过三维造型，直接生成平面工程图，并可以通过输入/输出方式来与其他软件进行数据交换。

　　Pro/E 提供了全套工程制图的功能，包括自动标注尺寸、各种视图及剖视图的生成、参数特征的生成、装配图明细表的自动生成、零件图标题栏的生成及制作、公差的设置等。同时，它的二维非参数化绘图功能可生成不需要三维投影的产品图。

　　Pro/E 可生成数控机床可用的数据文件，可对 Pro/NC 生成的数据文件进行处理。

　　Pro/E 扩展了普通的实体建模特征，使用户能轻易、快速地生成各种复杂曲面造型，也可根据各种关系和公式来生成壳体设计及艺术造型等复杂的曲线、曲面，还能对生成的各种曲线、曲面进行操作，进行布尔运算，生成复杂的曲面造型，并能生成实体，以便与加工联系起来，使设计变为现实。

　　由于 Pro/E 是美国公司编制的软件，所以书中一些自动生成的图及标注不符合中国国标，需进行后续处理。另外，书中的大部分插图是截屏图，一些数据是随作图过程随机变化的，不一定一致，也需进行后续处理。

　　本书是针对在校学生、培训班学员以及广大工程设计人员而编写的，特别适合现代的多媒体教学及上机指导。书中采用以实例为主的教学和学习方法，便于读者快速掌握各种基本命令和绘图技巧。本书较好地把握了入门与提高之间的关系，并始终以用户操作过程中的方法和绘图技巧为主线，在内容讲述上注重循序渐进，在表述方式上突出深入浅出，以便于读者掌握。

　　本书由西安交通大学机械工程学院先进制造技术研究所邱志惠副教授编著，倪国财同学对版本更新做了许多工作。本书在编写过程中还得到了西安交通大学机械工程学院先进制造技术研究所和制图教研室的同事的大力协助，陕西秦川机械发展股份有限公司也给与了大力支持，在此一并表示感谢。

　　由于时间紧促，书中难免存在不妥之处，望广大读者批评指正。

　　E-mail:qzh@mail.xjtu.edu.cn。

作　者

2010 年 11 月

目　　录

第 1 章 绪 论

1.1 概 述

Pro/ENGINEER(简称 Pro/E)是机械设计软件包，能够实现模型创建、模型装配、模型的有限元分析、模型的动态仿真、模具设计、数控加工等功能。作为一个大型的 CAD 软件，Pro/E 拥有众多模块。下面对其主要模块进行简单介绍。

1. Pro/ ENGINEER 模块

Pro/ENGINEER 模块是一个造型软件包，它是 Pro/E 系统的基本部分，其功能包括实体零件造型、装配造型、渲染、工程图的设计等。在该模块中，可以利用专用功能进行快速设计。例如，可以设计一些常见的立体、螺纹、弹簧、肋板、壳体等零件，并可进行圆角、倒角、退刀槽等常见机械结构的设计，设计过程更直观、简单。利用该模块中的关系式功能，只需更改一个或少数几个尺寸，其他尺寸就可以自动更改，生成另外的零件，使模型标准化更容易。同时，该模块还支持各种符合工业标准的绘图仪和打印机，可方便地进行二维和三维图形的输出。

Pro/ENGINEER 模块的拉伸、旋转、抽壳、扫描、混成、扭曲及用户自定义特征等功能，为用户充分发挥自己的想象力、创造力提供了手段。同时，其尺寸修改、特征重定义的方便性，使设计变得更灵活，并使用户的设计思想不再受软件的束缚。

2. Pro/Assembly 模块

Pro/Assembly 模块是一个参数化组装管理系统，为用户提供了多种生成装配系列的手段，使用户更容易理解和考虑零件将承担的功能，并可确定零件的造型和在装配体中的位置。同时在该模块中还能完成零件的交替更换，使不同的设计方案可以通过快速更换表现出来，进行优化设计的比较。

3. Pro/Draft 模块

Pro/Draft 模块是一个二维绘图模块，在该模块里用户可以利用约束及尺寸的修改，快捷、准确地绘制草图，以便造型。同时也可以不经过三维造型，直接生成平面工程图，并可以通过输入/输出方式来与其他软件进行数据交换。

4. Pro/Drawing 模块

Pro/Drawing 模块提供了全套绘制工程图的功能：自动标注尺寸、各种视图及剖视图的生成、参数特征的生成、装配图明细表的自动生成、零件图标题栏的生成及制作、公差的设置等。同时，该模块的二维非参数化绘图功能可生成不需要三维投影的产品图。另外，该模块在二维环境中修改三维造型的功能也使设计变得更容易。

5. Pro/Mold 模块

Pro/Mold 模块用于设计模具组件和模板组装，包括型腔的不同生成方式、收缩量的自动生成、分型面的快速生成、凸模及凹模的快速生成、模拟开模过程。利用其中的 Pro/Plastic advisor 模块可进行模流分析，同时还可以进行浇口、浇道、水线、顶出等机构的设计。

6. Pro/NC 及 Pro/NC Post 模块

Pro/NC 及 Pro/NC Post 模块的功能包括进行生产的工艺规划，以按照不同的工艺、工序来进行零件的制造；与零件的造型设计直接挂钩，任何设计上的变更都能自动地重新生成与之相关的工艺流程资料；通过后置处理，生成铣削加工、车削加工及钻床加工所需的数据文件；进行刀具轨迹的演示并生成数据文件。实际上，Pro/NC Post 模块主要用来生成与各种机床对应的后置处理文件，可对 Pro/NC 生成的数据文件进行处理，并生成数控机床可用的文件。

7. Pro/Surface 模块

Pro/Surface 模块扩展了普通的实体建模特征，使用户能轻易、快速地生成各种复杂曲面造型。设计者可根据各种关系和公式来生成壳体及艺术造型等复杂的曲线、曲面，并对生成的各种曲线、曲面进行操作，还可通过布尔运算，生成复杂的曲面造型，并生成实体，以便与加工联系起来，使设计变为现实。

8. Pro/Behavioral Modeling 及 Pro/Mechanic 模块

Pro/Behavioral Modeling 模块是一套分析工具。在特定的设计意图、设计约束条件前提下，利用该模块进行一系列测试参数迭代运算后，工程师能获取最佳的设计建议。在该模块中，可以利用建立的分析特征，对模型进行物理特性、曲线性质、曲面特性、运动情况等测量。

Pro/Mechanic 模块的主要功能是分析材料因结构、运动及热等外界因素所引起的应力场问题，可用来分析材料的受力变化以及仿真产品在使用环境中的实际表现情况，使非专业分析工程师无需建立原型，即可了解所设计产品的机械性能，有助于进行设计。

以上是对 Pro/E 中部分功能的简要介绍。不过由于本书的对象是初学者，因此将重点讲解 Pro/ENGINEER、Pro/Assembly、Pro/Draft、Pro/Drawing、Pro/Surface 等模块的基本命令的使用方法。

Pro/E 是采用参数化设计的、基于特征的实体模型化系统，工程设计人员可采用具有智能特性的基于特征的功能生成模型，如腔、壳、倒角及圆角，通过勾画草图，可轻易改变模型。Pro/E 的这一功能特性给工程设计者提供了在设计上从未有过的简易和灵活性。Pro/E 采用参数的形式赋予形体尺寸(不像某些系统是直接指定一些固定数值于形体)，这样工程师可任意建立形体上的尺寸和功能之间的关系，任何一个参数改变，其他相关的特征也会自动修正。这种功能使得修改更为方便，可令设计优化更趋完美。设计者完成的造型不仅可以在屏幕上显示，还可传送到绘图仪或一些支持 Postscript 格式的彩色打印机进行输出。此外，还可通过标准数据交换格式输出三维和二维图形给其他应用软件，进行有限元分析及后期处理、数控加工等。Pro/E 为用户提供了进行二次开发的手段，用户可利用 C 语言编程，以增强软件的功能。

　　Pro/E 建立在单一的数据库上，不像一些传统的 CAD/CAM 系统建立在多个数据库上。所谓单一数据库，就是工程中的资料全部来自一个数据库，这使得每一个独立用户都在为同一件产品造型而工作，无论使用哪一个模块。换言之，在整个设计过程的任何一处发生改动，都可以反映在整个设计过程的相关环节上。例如，一旦工程详图有改变，NC(数控)工具路径就会自动更新；装配工程图如有任何变动，也完全反映在三维模型上。这种独特的数据结构与工程设计的完整结合，使得一件产品的设计与制作结合在一起。这一优点使得设计更优化，成品质量更高，产品能更好、更快地推向市场，成本也更低。

　　总之，Pro/E 是一套涵盖了由设计到生产的机械自动化软件，是新一代的产品造型系统，是一个参数化的、基于特征的实体造型系统，并且具有单一数据库功能。

1.2　Pro/E 的窗口界面与基本操作

　　Pro/E 5.0 的窗口界面如图 1-1 所示，与较早版本相比，有了很大改变。Pro/E 采用 Windows 风格的用户界面，主要包括主菜单、快捷图形工具按钮、信息窗口、菜单管理器、基准创建快捷按钮、图形显示区等。

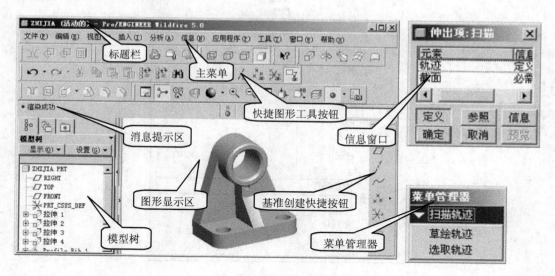

图 1-1　　Pro/E 5.0 的窗口界面

　　Pro/E 的主菜单如图 1-2 所示，它可以使用户实现对 Pro/E 的各种操作，用户使用的所有功能几乎都能在其下拉菜单中得以实现。注意：Pro/E 不同模块下的菜单略有不同。

| 文件(F) | 编辑(E) | 视图(V) | 插入(I) | 分析(A) | 信息(N) | 应用程序(P) | 工具(T) | 窗口(W) | 帮助(H) |

图 1-2　　Pro/E 5.0 的主菜单

1.2.1　文件(File)菜单的基本操作

文件(File)下拉菜单涵盖了 Pro/E 对文件操作的所有命令，包括新建、打开、设置工作目录、保存、保存副本、备份、重命名、拭除、删除、打印、最近打开的文件及退出 Pro/E 系统等命令。

1．新建(New)

新建命令用于创建新的不同类型的文件。点击该选项之后，在出现的如图 1-3 所示的新建对话框中选取合适的选项(分别在类型(Type)、子类型(Sub-type)两类中选取)，并在名称(Name)一栏输入新建的文件名即可。

注意：(1) Pro/E 文件的命名规则是文件名、目录名不能多于 31 个字符，除了数字、英文字母及下划线之外不能使用其他符号。

(2) 在文件的以后操作中，如果要保存与新建对话框中所填名称不同的文件，只能使用另存为(Save as)，不能使用保存(Save)，否则，文件将不能被保存。

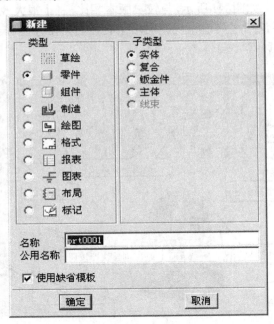

图 1-3　新建对话框

2．打开(Open)

打开命令用于打开不同类型的文件，其对话框如图 1-4 所示。Pro/E 能直接打开的文件种类比较多，除了 Pro/E 系统创建的文件之外，还可打开 dwg、iges、cgm、stp、stl 格式的文件以及 Catia 文件。Pro/E 还支持对某些类型文件的预览功能，点击对话框中的预览(Preview)按钮即可对零件文件、装配文件进行预览。在文件打开对话框中，◀●● 图标可以实现操作的前进或后退；视图用来改变当前打开目录文件的显示方式(列表或详细信息)；组织用来对文件夹进行操作；工具中可以选择是否显示文件的所有版本。另外，Alt+上箭头实现向上查询目录及文件。这里需要说明的是，Pro/E 系统产生的文件由三部分构成：文件名. + 扩展名.＋版本号。其中，扩展名和所在模块相关，由系统确定；版本号也由系统自动添加，每存储一次，版本号就增加 1。

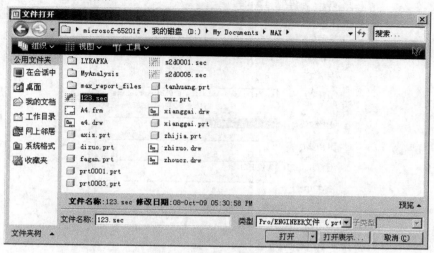

图 1-4 文件打开对话框

3. 设置工作目录(Setting Work Directory)

Pro/E 的文件及工作中自动产生的一些中间过渡文件都会存在桌面或我的文档中，不便于管理，所以最好先设置一个文件夹，以便将所有文件都默认地存在其中。文件(File)菜单中的选取工作目录对话框如图 1-5 所示。该对话框用于设定本次 Pro/E 运行过程中使用的工作目录。在该对话框中选取所需的工作目录，单击确定按钮即可。设置工作目录后，再次运行 Pro/E 时，工作路径还会回到系统原来的默认状态。如欲改变系统默认的工作路径，需右键单击 Pro/E 快捷图标，打开 Pro/ENGINEER 属性对话框，如图 1-6 所示，在起始位置中填入欲设定的工作路径。

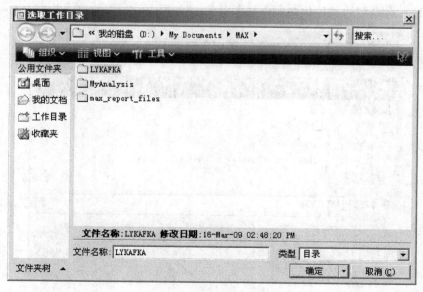

图 1-5 选取工作目录对话框

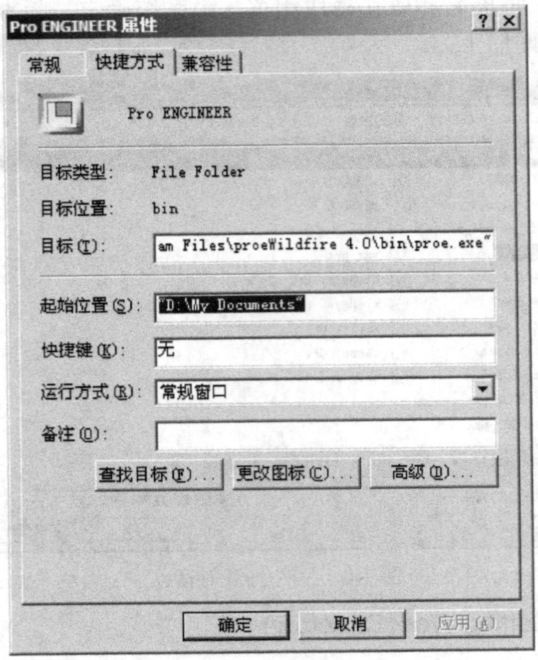

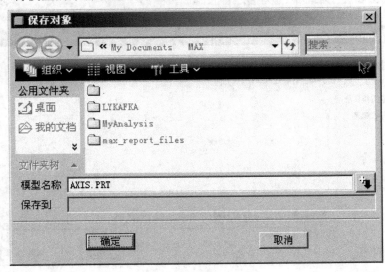

图 1-6　Pro/ENGINEER 属性对话框

4．保存(Save)及保存副本(Save as)

　　点击保存(Save)可打开如图 1-7 所示的对话框。点击其中的确定按钮，只能保存 Pro/E 默认的文件格式(即与在新建文件对话框中输入的文件名和扩展名相同)，所不同的是，保存一次，文件的版本号就增加 1。保存副本(Save as)扩展了保存(Save)的功能，可以选择其他不同的格式，生成其他类型的文件，如图 1-8 所示。例如，在模型状态下，可以把文件存为 .jpg 图片格式，将模型的某种状态制作成图片。

图 1-7　保存对象对话框

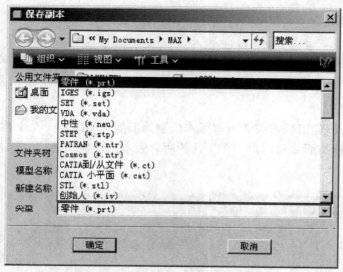

图 1-8 选择格式生成其他类型的文件

5．备份(Backup)

备份与保存相似，不同的是，备份是自动生成新版本，且备份可以将文件保存在用户指定的目录下，如图 1-9 所示。

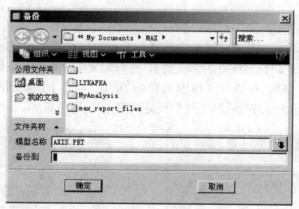

图 1-9 备份对话框

6．重命名(Rename)

重命名命令用于将一个文件重新命名，如图 1-10 所示。

图 1-10 重命名对话框

7.　拭除(Erase)

拭除命令用于将当前窗口关闭，或将文件从内存中清除，因为在 Pro/E 中不管文件是被打开、创建，还是被引用，都会暂时保存在内存中，直到使用拭除(Erase)命令或 Pro/E 程序结束。注意：该命令不能清除与其他对象关联的对象。

8.　删除(Delete)

删除命令分为删除旧版本或者所有版本。删除旧版本可以将一个文件的所有旧版本从硬盘中删除；删除所有版本可以将一个文件的所有版本从硬盘中删除，此时会出现如图 1-11 所示的警告。

图 1-11　中文警告

9.　打印(Print)

利用打印命令可以将 Pro/E 对象送到打印机和绘图仪输出。点击该命令之后，会出现如图 1-12 所示的打印对话框。在该对话框中选择合适的打印机或绘图仪，输入要复制的份数，选择是到打印机还是到文件(将保存为新文件)，点击配置(Configure)按钮，打开如图 1-13 所示的着色图像配置对话框。在该对话框中选择适当的打印尺寸和分辨率，点击确定(OK)按钮退出对话框。在打印(Print)对话框中选择确定(OK)按钮即可打印。

图 1-12　打印对话框　　　　　　　　图 1-13　着色图像配置对话框

1.2.2 视图(View)菜单的基本操作

视图菜单用来改变模型显示方式和工作区的显示。在该菜单栏中包括了重画、着色、渲染窗口、实时渲染、方向、可见性、层(Layers)、显示设置(Show Setup)及模型设置(Model Setup)等常用命令，如图 1-14 所示。

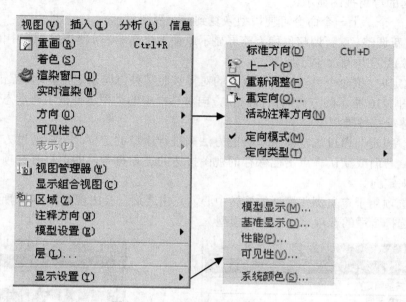

图 1-14 视图(View)下拉菜单

1．重画

重画命令用来刷新显示区，相当于刷新命令。在显示区由于选择、修改尺寸等原因而使工作区某些特征或尺寸不清晰时，使用该命令可刷新显示区。

2．着色

着色命令主要用于将模型以阴影形式显示在屏幕上，而不显示基准面等，如图 1-15 所示。使用重画命令即可返回正常显示。

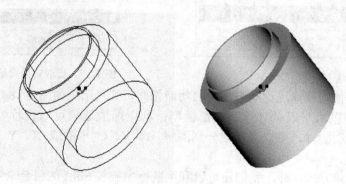

图 1-15 缺省方向的正常显示及阴影形式显示

3. 渲染窗口及实时渲染

渲染窗口及实时渲染命令用于对模型进行视觉上的渲染，使其更加接近实体。

4. 方向

(1) 标准方向。Pro/E 通过鼠标中键可以旋转实体。标准方向命令可以使实体恢复到系统缺省方向的等角视图显示。

(2) 上一个。上一个命令可使模型恢复到前一视图显示。

(3) 重新调整。重新调整也称为整屏显示或最大化显示，可使当前操作中的所有内容(除了隐藏对象)都在屏幕上显示出来。

(4) 重定向。该命令可以将工作区内的对象按照某种方向来定位显示。点击该命令之后，会出现如图 1-16 所示的方向对话框。在方向对话框中的类型选择框中有动态定向、按参照定向、首选项三种类型。

● 按参照定向通过选定参考基准的方法来进行模型的定位。一般通过方向菜单选取前面、上面、右面或默认。点击已保存的视图按钮的三角符号，即可打开选项内容，利用已保存视图来定向。

● 首选项用于定义浏览模型的旋转中心，点击之后，会出现如图 1-17 所示的对话框选项，可以选择合适的选项来定向浏览模型。

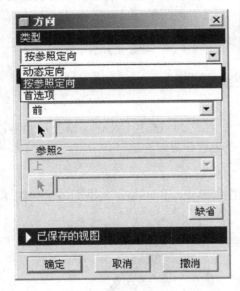

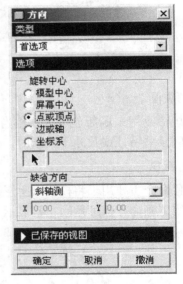

图 1-16　方向对话框　　　　　　　　　　图 1-17　选取定向合适的选项

● 动态定向与使用鼠标进行动态浏览的功能相同，其对话框如图 1-18 所示。利用对话框中的平移选项可以水平或垂直移动浏览模型；利用缩放选项可以进行缩放浏览；利用旋转选项，通过拖动游标，可以方便地分别围绕 H、V、C 平面或 X、Y、Z 轴进行动态浏览。

除以上三种定向方式以外，我们还可以利用鼠标中键和 Shift 的组合来定向视图，读者可以在后续使用过程中一一尝试。

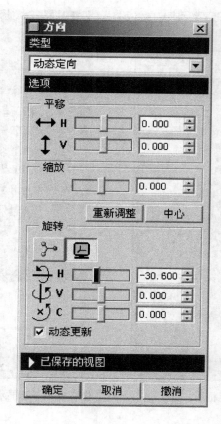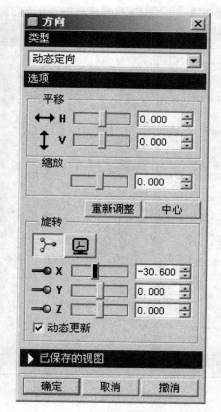

图 1-18　动态定向

5. 可见性

可见性命令用于隐藏/取消隐藏零件特征。

6. 层

层命令用于将各种特征、零件等进行分门别类的管理，使各种操作更加简单。一个特征或零件可以放到不同的层中，用户可以按照自己的意愿来对各种特征、零件进行操作。

7. 显示设置

显示设置命令主要用于画面的各种显示模式设定。

(1) 模型显示：主要用于设定模型的显示模式，包括线条品质，旋转时是否显示基准等。三个模型显示对话框如图 1-19 所示，勾选其中的选项，可设置模型的各种显示状况。

(2) 基准显示：其中的选项主要用于设定基准是否显示以及点的显示状况，如图 1-20 所示。

(3) 视图性能：用于查看执行情况，设定三维模型的显示效率，包括隐藏线移除、旋转时的帧频、细节级别，如图 1-21 所示。

(4) 可见性：用于设定模型显示的可见程度，拖动滑块，可设置线条颜色深度等，如图 1-22 所示。

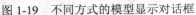

图 1-19　不同方式的模型显示对话框　　　　　图 1-20　基准显示对话框

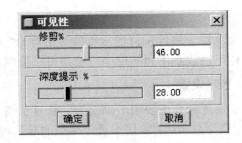

图 1-21　视图性能对话框　　　　　　　　图 1-22　可见性对话框

(5) 系统颜色：用于控制系统颜色，包括背景颜色、线条颜色、尺寸颜色等。在 Pro/E 中，这些颜色都是可以被轻易更换并保存的，不会对系统产生任何影响。在视图下拉菜单中，选取显示设置→系统颜色，将显示如图 1-23 所示的系统颜色对话框，选取其中的选项，可设置系统颜色。

点击调色块→显示颜色编辑器对话框→改变 R(红)、G(绿)、B(蓝)比例，即可调出所需颜色。

　　勾选系统颜色对话框中的混合背景→编辑，将显示渐变的混合颜色对话框，点击调色块→改变 RGB 值，调出所需颜色。这样就可以改变绘图区的背景颜色。

　　当调好所需颜色后，可点击文件→保存，把当前的设置保存成一个文件，以后可以打开调用，不用每次设置。

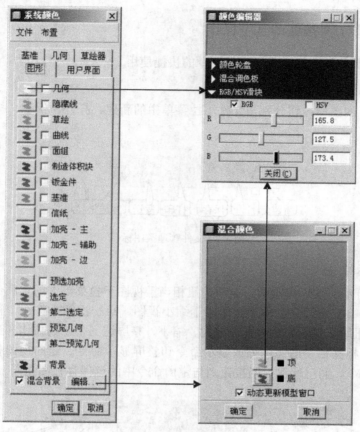

图 1-23　系统颜色的设置

1.2.3　其他菜单的基本简介

　　插入菜单用于插入各种特征，几乎所有的实体建模和曲面建模命令都能在该菜单中找到。通过插入菜单进行建模，常常比使用菜单管理器要快，具体应用将在后续各章中详细讲述。

　　分析菜单用于对创建的 CAD 模型进行各种测量、分析以及优化设计等。对于该部分内容，本书将只在部分范例中介绍，不作重点讲述。

　　信息菜单主要包括 CAD 模型的各项工程数据。

　　应用程序菜单包括 Pro/E 的标准模块以及钣金件、继承、工程分析(Mechanic)、塑性顾问(Plastic Advisor)、模具/铸造等模块。本书不对其进行详细说明。

　　工具菜单主要实现环境设定，映射键设定，模型播放器、配置文件配制设定。本书 1.3 节将主要介绍配置文件的设定，详细配置参数见附录 G。

窗口菜单主要实现对 Pro/E 显示窗口的设置。当多个文档同时打开时，要先激活当前窗口，才能工作。

帮助菜单与其他软件的帮助菜单相同，主要实现对 Pro/E 各个功能的详细说明。本书不对其进行详细说明。

1.2.4　快捷图形工具按钮的基本操作

快捷图形工具按钮主要实现对常用命令的快捷使用。

1. 文件管理类

图 1-24 所示的图标按钮分别与文件下拉菜单中的新建、打开、保存、打印及发送至命令完全相同。

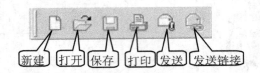

图 1-24 文件管理类图标

2. 视图显示类

在图 1-25 所示的图标按钮中，刷新按钮相当于视图下拉菜单中的重画命令；放大按钮用于放大选取的欲放大部分；缩小按钮用于缩小视图，点一次缩小按钮，视图缩小为原来的 1/2；整屏按钮用于显示完整视图。放大、缩小、整屏这三个工具按钮相当于定向命令对话框中动态定向标签栏中的比例缩放显示命令和整屏显示命令。定向视图相当于视图下拉菜单中的定向命令，而已保存视图按钮则与定向命令中的已保存视图相同。

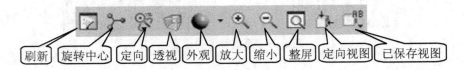

图 1-25　视图显示类图标

3. 模型显示类

在图 1-26 所示的图标按钮中，线框按钮将模型显示为可见边缘线形式；隐藏线按钮将模型显示为带隐藏线对象；消除隐藏线按钮将模型只显示在当前角度能看到的边缘线，不包括隐藏线；着色按钮指模型以渲染形式显示。

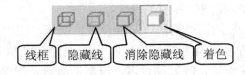

图 1-26　模型显示类图标

4. 基准显示类

在图 1-27 所示的图标按钮中，基准面按钮用来控制基准平面的显示；基准轴按钮用来控制基准轴的显示；基准点按钮用来控制基准点的显示；坐标系按钮用来控制坐标系的显示。所有按钮按下表示打开，凸起表示关闭。

图 1-27　基准显示类图标

1.2.5　消息提示区的基本功能

消息提示区主要提供用户建模时所需的一些重要提示信息。用户在进行零件设计时，该窗口将提示下一步进行什么操作；当用户操作有误时，该窗口将提示出错信息。总之，该窗口对于用户，特别是初学者是相当重要的，初学者最好在进行每一步操作时都注意一下该窗口的提示，以减少不必要的错误。

1.2.6　模型树的基本功能

模型树主要记录了用户对模型进行的各种操作过程，包括实体特征、曲面特征、复制、分析等都会在模型树中反映出来，这有助于了解模型的创建过程。在模型树选中特征，点击鼠标右键，可显示出如图 1-28 所示的快捷菜单。在此菜单中可以对特征进行删除、修改、重定义等操作，这给模型的修改带来了极大的方便。其具体使用方法将在以后的范例中详细说明。

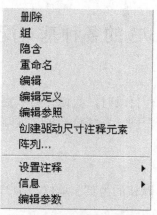

图 1-28　模型树的快捷菜单

1.2.7　菜单管理器的基本功能

菜单管理器中集中了 Pro/E 所有的模型创建命令和模型操作命令，包括实体建模、曲面建模、零件装配、模型修改等，这些命令将在本书后面的章节中详细介绍。

1.2.8 基准创建快捷按钮的基本功能

三维模型在创建过程中需要很多参考基准，Pro/E 的基准创建功能就为用户方便、快捷地创建基准提供了很大方便。

创建基准图标如图 1-29 所示，该功能将在第 3 章中介绍。

插入基准面
插入基准轴
插入基准曲线
插入基准点
插入坐标
插入分析特征
插入参照特征

图 1-29 创建基准图标

1.2.9 图形显示区的基本功能

图形显示区用于显示用户创建的模型，其显示控制可以通过视图(View)菜单进行设置。用户可以通过图形显示区观察模型的各种效果及结构的变化。

1.3 Pro/E 的各种基本配置简介

1. 设置工作目录

在介绍文件菜单中的设置工作目录时，我们介绍了更改默认工作目录的方法，希望读者能够应用此法更改工作目录；否则，系统将会把文件自动保存在默认的目录下，这会给使用带来很大的不便。

2. 设置单位

Pro/E 提供了多种计量单位，默认的为英制单位。用户需根据自己的设计需要进行设定。设定过程如下：

(1) 在打开的模型界面中单击文件下的属性→单位，出现模型属性菜单栏，如图 1-30 所示。

(2) 点击单位后的更改，出现单位管理器对话框，如图 1-31 所示。

(3) 选中所需单位，点击设置，弹出改变模型单位对话框，如图 1-32 所示。

(4) 选中改变模型单位的方式，按下确定按钮，模型单位得以设定。

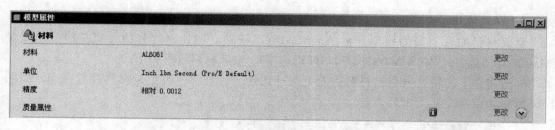

图 1-30　模型属性菜单栏

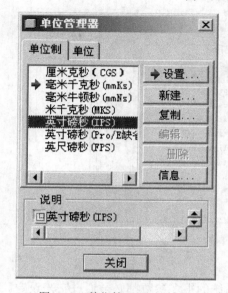

图 1-31　单位管理器对话框

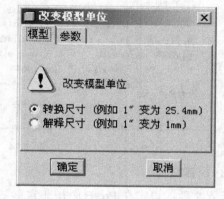

图 1-32　改变模型单位对话框

如果列表中没有满意的单位，则用户可以自己建立单位制，方法如下：

单击单位管理器下的新建，出现单位制定义对话框，如图 1-33 所示。

选择满意的单位→确定→返回单位管理器→选中新建的单位制→设置→选中改变模型单位的方式→确定，新单位制设定完毕。

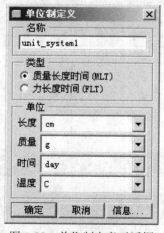

图 1-33　单位制定义对话框

3. 设置材料

设置材料的目的是为模型分析(Analysis)奠定基础。例如，要分析并测量模型的质量(Mass)，我们就必须定义 MASS_DENSITY(密度)，设置材料过程如下：

单击文件下的属性→点击材料后的更改→选择一种材料→确定，材料设置完毕，如图 1-34 所示。

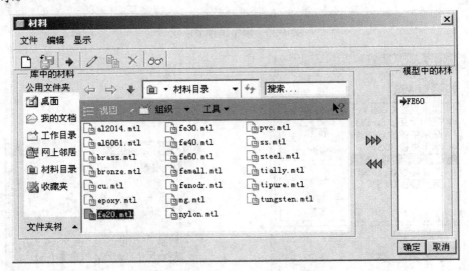

图 1-34 设置材料窗口

4. 配置文件

配置文件的设定在 Pro/E 中是非常重要的，系统的很多参数都必须通过它来设定。要想成为一个 Pro/E 高手，就必须对配置文件有深入的了解。本书将在附录中对配置文件进行详细说明。下面简述用配置文件设定 Pro/E 中英文界面的过程。

单击工具菜单→选项，出现选项对话框，如图 1-35 所示。

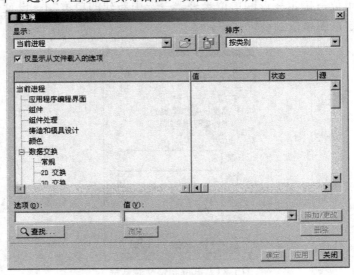

图 1-35 选项对话框

在选项栏中填入 Menu_translation→在值栏中选择 both→单击添加/更改→应用→关闭，Pro/E 中英文双语界面设置完毕。

注意：欲使 Pro/E 显示中文，必须在 Windows 系统的环境变量中设定 lang 为 chs。

Pro/E 在使用过程中还会有很多配制设定，读者可以在以后的实例应用中细细体会。

第 2 章 平面草图的绘制

2.1 草图菜单简介

在以后的学习中，用户可以体会到平面图的绘制对于三维特征的创建是至关重要的。绘制 3D 立体图形时，首先需要绘制 2D 平面图，以便作为立体的截面图(底面图)。所有的立体特征，都是通过平面图形创建的，所以有必要把平面图作为 Pro/E 的基础来掌握。Pro/E 的参数化绘制特点充分显示为：尺寸自动标注，既不会多也不会少，并且是关联的，即修改尺寸数值时，图形会自动修正，拖动图形时，尺寸会自动修正。这就彻底改变了以往用户标注尺寸的麻烦，极大地提高了绘图效率。在点击新建(New)命令时，将出现新建对话框，如图 2-1 所示。

图 2-1 新建(New)对话框

进入平面图绘制有两种方式：一是在绘制类型的选项中，选择"草绘"直接进入绘制平面图的界面，在这种模式下只能进行平面图的绘制，并保存成 .sec 的文件格式，以供实体或曲面模型设计时调用；二是在 3D 零件模型创建过程中，进入平面草图的绘制状态，绘制的方法与草绘相同，此时绘制的平面特性已经包含于每一个立体特征中，但仍然可以单独存储成 .sec 的文件格式。图 2-2 所示为草图绘制的界面。在草图绘制的界面中主要包含主菜单、通用图形菜单(工具条)、下拉菜单、图形绘制菜单、绘图区以及一些常用的图形工具条。

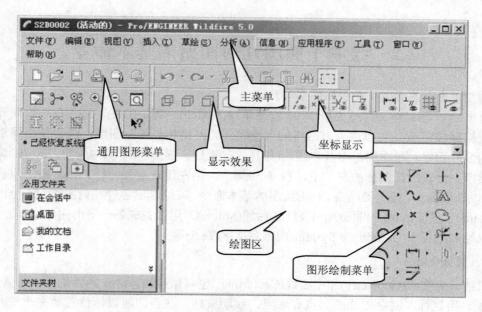

图 2-2　草图绘制(Sketch)的界面

平面图的绘制可通过如图 2-3 所示的草绘的下拉菜单或如图 2-4 所示的草绘图形菜单来完成。

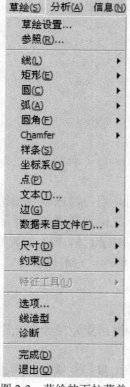

图 2-3　草绘的下拉菜单

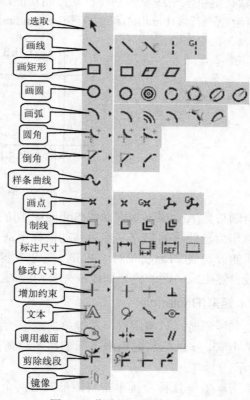

图 2-4　草绘图形菜单

2.2 绘制平面图几何图素的基本命令

绘制平面草图的主要命令如图 2-4 所示。

单击 □，创建新文件→类型(Type)选择草绘(Sketch)→确定(OK)，进入草图绘制界面。单击快捷键按钮▦，可以进入有网格的草绘模式。网格相当于草图纸，是否使用网格，依个人的爱好而定。平面图是由基本图素(如直线、矩形、圆弧和圆等)构成的。Pro/E 将常用的图素产生方式放在鼠标的左、中、右 3 个键上，用左键选点和特征，按右键出现快捷菜单，可以选取命令，按中键结束。利用绘图的基本命令，可绘制出各种几何图素，如点(Point)、直线(Line)、圆(Circle)、圆弧(Arc)及样条曲线(Spline)，用以完成每一平面图的绘制。此外，也可以绘制坐标系(Coordinate System)或书写文字(Text)等。

1．直线(Line)

直线分为实线(Geometry)和中心线(Centerline，也叫结构线)两种，两者的绘制方式相同。单击 ╲，用鼠标左键单击线的起点和端点，移动鼠标，线条即随鼠标位置动态改变，可绘制连续的线段。结束时，单击鼠标中键即可。绘制直线时，当两端点接近水平时，可绘制出水平线，系统自动标示 H；当两端点接近铅垂时，即可绘制出铅垂线，系统自动标示 V。Pro/E 默认提供水平线及铅垂线自动控制功能，如图 2-5 所示。利用草绘模式下自动添加的约束可绘制平行线(Parallel)和垂直线(Perpendicular)，也可自动添加尺寸标注。

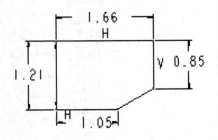

图 2-5 直线的绘制

绘制与弧(Arc)或不规则曲线(Spline)相切的直线(Tangent)时，用左键选取要相切的圆弧的端点作为延伸线的起点，然后移动鼠标至适当位置，按左键定出切线终点。绘制两个圆或圆弧的公切线(2Tangent)时，单击 ╲，以左键选择欲相切的两图素(圆、弧、不规则曲线)，公切线自然生成。圆的内公切线或外公切线的生成，则根据鼠标所设定的位置而定。

2．矩形(Rectangle)

绘制矩形时，只需用鼠标左键单击矩形的两个对角点即可。

单击 □ →鼠标左键单击矩形的两个对角点→单击鼠标中键结束矩形绘制命令，如图 2-6 所示。

单击 ▱ →鼠标左键单击斜矩形某边两个相邻顶点→再单击鼠标左键选择斜矩形对边上任意一点→单击鼠标中键结束矩形绘制命令，如图 2-7 所示。

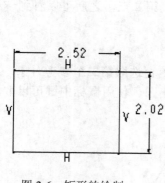

图 2-6 矩形的绘制

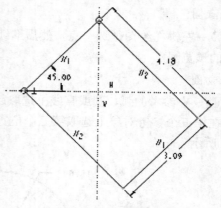

图 2-7 斜矩形的绘制

单击 **□** →鼠标左键单击平行四边形某边两个相邻顶点→再单击鼠标左键选择平行四边形的第三个顶点→单击鼠标中键结束矩形绘制命令，如图 2-8 所示。

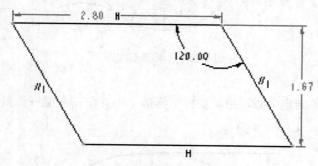

图 2-8 平行四边形的绘制

3. 圆(Circle)

Pro/E 中可采用如下方式绘制圆：圆心与圆周上一点(半径) **○**、同心圆 **◎**、三点圆 **○**、三切圆 **○**、轴端点椭圆 **∅**、中心和轴端点椭圆 **∅**。

1) 圆心与圆周上一点(半径)

单击 **○** →鼠标左键单击圆心，拖动鼠标到适当位置，绘制圆。

2) 同心圆

单击 **◎** →左键单击欲同心的圆或弧线，拖动鼠标到适当位置，绘制圆，如图 2-9 所示。

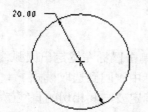
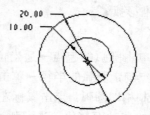

图 2-9 圆及同心圆的绘制

3) 三点圆

单击 ◯→左键在绘图区选一点，然后继续选取圆上第二点，之后可以看到一个随鼠标移动变化的预览圆。

4) 三切圆

单击 ◯→在参考的弧、圆或直线上选取起始位置，再选取第二个参考对象，之后可见预览圆，在第三个参考对象上选取第三个位置即可绘出圆，使用鼠标中键可以取消选取，如图 2-10 所示。

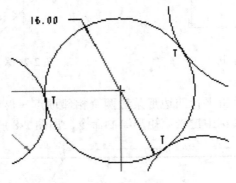

图 2-10 三切圆的绘制

5) 椭圆

单击 ⬭→左键单击定中心，拖动鼠标到椭圆半径并单击左键→按鼠标中键回到选取模式，如图 2-11 所示。

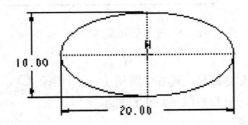

图 2-11 椭圆的绘制

4．弧(Arc)

Pro/E 中有五种圆弧定义方式：三点定义圆弧 ⌒、同心弧 ⟋、圆心和两个端点定义圆弧 ⌒、三切弧 ⌣、锥形弧 ⌒。

1) 三点定义圆弧

单击 ⌒ →左键单击圆弧的起点→适当位置单击鼠标左键定出圆弧终点→移动鼠标到合适位置，点击第三点确定圆弧的半径→单击鼠标中键回到选取模式 ▶，如图 2-12 所示。

利用鼠标左键绘制相切圆弧：点击鼠标左键确定要与其相切的直线(或圆弧)的端点，移动鼠标，圆弧随鼠标的移动而变化，当圆弧达到所需的大小与位置时再单击左键，即产生相切圆弧，如图 2-13 所示。

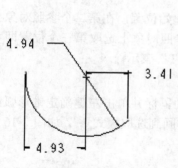

图 2-12　圆弧的绘制

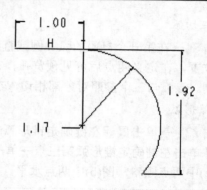

图 2-13　相切圆弧的绘制

注意：当圆弧的起点在直线、弧线或曲线的端点时，系统将默认圆弧与该线条相切。用户如果不想两线相切，则可在单击圆弧起点后，在起点附近以垂直于所连接线条方向来回晃动一下鼠标即可解除相切关系。

2) 同心弧

同心弧的定义与同心圆的定义相似。单击 ⚞ →左键单击欲同心的圆弧或圆→移动鼠标到适当位置，单击确定圆弧的起点→移动鼠标到适当位置，单击确定终点→单击鼠标中键结束，如图 2-14 所示。

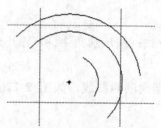

图 2-14　同心圆弧的绘制

注意：因为单击了快捷键按钮 ▣，关闭了尺寸显示开关，所以该图中没有尺寸标注。

3) 圆心和两个端点定义圆弧

单击 ⌒ →单击鼠标左键确定圆弧圆心→移动鼠标到适当位置，单击左键确定圆弧起点→移动鼠标到适当位置,单击左键定出圆弧终点→单击鼠标中键回到选取模式 �，如图 2-15 所示。

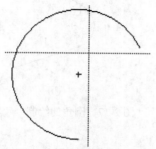

图 2-15　中心圆弧的绘制

4) 三切弧

单击 ![icon] →在第一个参照的弧、圆或直线上选取起始位置，在第二个参照对象上选取一个结束位置，在定义两点后可见预览弧，在第三个参照对象上选取第三个位置即可完成圆弧的绘制。该弧与三个参照对象都相切，在图上以"T"表示。

5) 锥形弧

单击 ![icon] →单击鼠标左键确定锥形弧起点→移动鼠标并单击左键确定锥形弧终点→移动鼠标并单击左键确定锥形弧第三点→单击鼠标中键回到选取模式 ![icon]，如图 2-16 所示。其中，图(a)中两点倾斜，图(b)中两点水平。

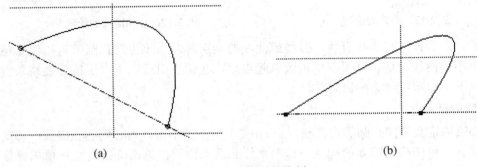

(a)　　　　　　　　　　　　　(b)

图 2-16　圆锥弧的绘制

5．圆角(Fillet)

Pro/E 提供了两种圆角定义方式：圆形圆角 ![icon] 和椭圆圆角 ![icon] 。

1) 圆形圆角

单击 ![icon] →鼠标左键点击欲圆角的两图线，如图 2-17(a)所示→绘制出圆形圆角，如图 2-17(b)所示。

2) 椭圆圆角

椭圆圆角的创建与圆形圆角的创建方法相同。单击 ![icon] →鼠标左键点击欲圆角的两图线→绘制出椭圆圆角，如图 2-17(c)所示。读者可以自行比较一下两种圆角的区别。

注意： 因为单击了快捷键按钮 ![icon]，关闭了网格显示开关，所以该图中没有网格。

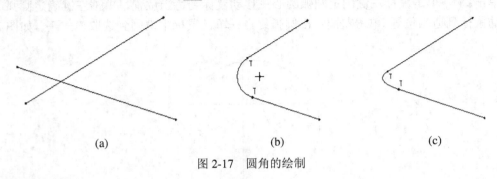

(a)　　　　　　　　　　　(b)　　　　　　　　　　　(c)

图 2-17　圆角的绘制

6．倒角(Chamfer)

Pro/E 提供了两种倒角定义方式：带有延伸构造线的倒角 ![icon] 和修剪倒角 ![icon] 。

1) 带有延伸构造线的倒角

单击→鼠标左键点击欲倒角的两图线,如图 2-18(a)所示→绘制出的倒角如图 2-18(b)所示。

2) 修剪倒角

修剪倒角的创建与圆角的创建方法相同。单击→鼠标左键点击欲倒角的两图线→绘制出的倒角如图 2-18(c)所示。

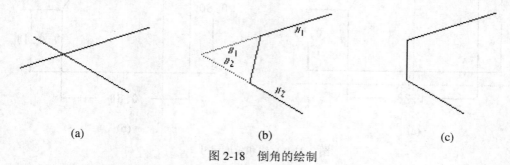

| (a) | (b) | (c) |

图 2-18　倒角的绘制

7. 样条曲线(Spline)

由二阶以上的多项式定义的曲线称为样条曲线,在 Pro/E 中可以很容易地创建和修改样条曲线。

单击∿→用鼠标左键单击样条曲线欲通过的点,绘制出样条曲线。

单击选中样条曲线,再单击修改按钮⤳,进入样条修改模式,弹出样条修改提示框,如图 2-19 所示。

图 2-19　样条修改提示框

Pro/E 提供了样条的多边形修改模式、内插点修改模式、控制点修改模式以及曲率分析工具。此外,用户也可以采用拟合或者调用外部文件来定义样条。

8. 点与参考坐标系(Point and Coordinate System)

点与参考坐标系的创建相对简单。单击 ✕ 或者 ⊁ →在绘图区适当位置单击鼠标左键→单击鼠标中键回到选取模式 ▶,如图 2-20 所示 。

图 2-20　创建的点与参考坐标系

9. 尺寸(Dimension)

在 Intent Manager 环境下,在草图绘制过程中,系统会自动添加尺寸(Dimension)和约束(Constraint),但这些尺寸和约束不一定和用户的真正意图吻合,所以需要进行尺寸标注以及约束添加。

1) 标注直线和角度尺寸

在草图环境下单击|↤↦|→分别单击欲标注尺寸的几何特征→在合适位置单击中键，如图 2-21 所示。

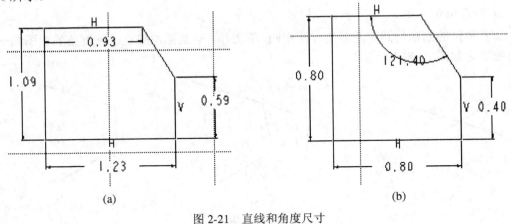

(a)　　　　　　　　　　　　　　　　(b)

图 2-21　直线和角度尺寸

2) 标注圆或圆弧尺寸

半径的标注：单击|↤↦|→以左键选取圆或圆弧，然后用中键指定尺寸参数的摆放位置，即可标出半径。

直径的标注：单击|↤↦|→双击圆弧或圆→在适当位置单击鼠标中键，指定尺寸的放置位置，即可标出直径，如图 2-22 所示。

圆心到圆心：以左键选取两个圆的圆心，然后单击中键指定尺寸的放置位置，三种不同的放置方式会出现三种不同的尺寸标注(放置点在两圆心连线周围，则尺寸标注为两圆心的斜线距离；放置点在两圆心同侧上、下方位置，则尺寸标注为两圆心的水平距离；放置点在两圆心同侧左、右方位置，则尺寸标注为两圆心的垂直距离)，根据需要选择所需的放置方式后即可产生两个圆或圆弧的圆心的距离尺寸参数。

圆周到圆周：以左键选取两个圆或圆弧的圆周，然后单击中键指定尺寸的放置位置(与圆心到圆心的标注方式相同，选择不同的放置点会产生不同的尺寸标注，此处不再赘述)，根据需要选择合适的放置方式，即可完成指定的尺寸标注。

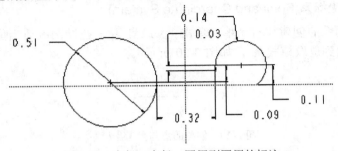

图 2-22　半径、直径、圆周到圆周的标注

10.　修改尺寸(Modify)

该功能能够修改尺寸、样条曲线以及文本图元。修改各种几何元素的步骤相似，这里以修改尺寸为例进行说明。

单击 ⤳ →左键单击欲选中的尺寸(可以为多个)，出现修改尺寸对话框，在其中可以更改尺寸数值，如图 2-23 所示。

注意：当几何绘制完毕后进行尺寸调节时，常常会出现难以大幅修改的问题，所以建议用户绘制完一个几何特征就修改一个，或者绘制时尽量接近尺寸，以减少修改难度。

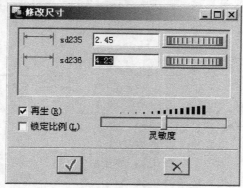

图 2-23 修改尺寸对话框

11. 约束(Constraint)

Pro/E 可以添加的约束有很多种，而且添加起来也很容易。单击 ┃ 中的黑色箭头，即出现约束菜单，如图 2-24 所示。

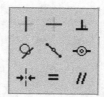

图 2-24 约束菜单

1) 铅垂约束

铅垂约束主要用于强制直线铅垂或两点铅垂对齐。

在约束对话框中单击 ┃ →单击欲铅垂的几何体(或两个点)，即可使选中的几何体铅垂，如图 2-25 所示。

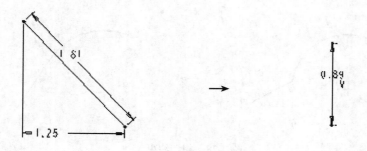

图 2-25 铅垂约束

2) 水平约束

水平约束主要用于强制直线水平或两点水平对齐。

在约束对话框中单击 ━ →单击欲水平的几何体(或者两点)，即可使选中的几何体水平，如图 2-26 所示。

图 2-26　水平约束

3) 垂直约束

垂直约束主要用于使两线条垂直。

在约束对话框中单击 ⊥ →单击欲进行垂直约束的线条，即可使选中的两线条垂直，如图 2-27 所示。

图 2-27　垂直约束

4) 相切约束

相切约束主要用于使两线条相切。

在约束对话框中单击 ℉ →单击欲进行相切约束的线条，即可使选中的两线条相切，如图 2-28 所示。

图 2-28　相切约束

5) 中点约束

中点约束主要用于使点处于线段的中心。

在约束对话框中单击 ↘ →单击欲进行中点约束的点和线段，即可使选中的两线条的中点相交，如图 2-29 所示。

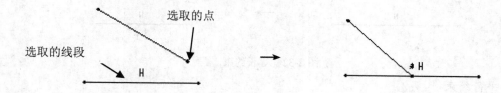

图 2-29　中点约束

6) 重合约束

重合约束主要用于使点在线条上或使两点重合。

在约束对话框中单击 ◉ →单击欲进行共线约束的点和线条(点)，即可使选中的点在线上(或延长线上)或点与点重合，如图 2-30 所示。

图 2-30　重合约束

7) 对称约束

对称约束主要用于使两个点关于中心线对称。

在约束对话框中单击 ⊶ →单击欲进行对称约束的两点和中心线，即可使选中的两点关于中心线对称，如图 2-31 所示。

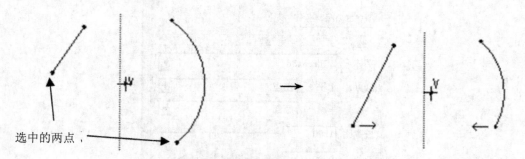

图 2-31　对称约束

8) 等长约束

等长约束主要用于使两条直线等长或者两个圆(圆弧、椭圆)半径相等。

在约束对话框中单击 = →单击欲进行等长约束的两条直线(圆、圆弧、椭圆)，即可使选中的两直线等长，如图 2-32 所示。

图 2-32　等长约束

9）平行约束

平行约束主要用于使两直线平行。

在约束对话框中单击 <u>//</u>→单击欲进行平行约束的两条直线，即可使选中的两直线平行，如图 2-33 所示。

图 2-33　平行约束

12．文本(Text)

该功能用于在平面图中绘制各种字体的文字，以方便用户在产品造型上打上公司名称等铭牌。

单击 <u>A</u>→用鼠标在绘图区绘制直线作为文字放置位置和文字竖直方向的大小尺寸，此时出现文本(Text)对话框，如图 2-34 所示。

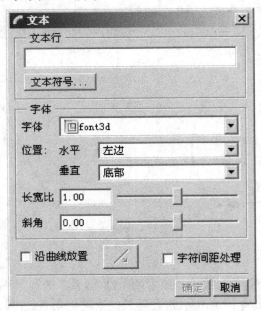

图 2-34　文本对话框

在文本行(Text Line)输入欲绘制的文字→在字体(Font)栏中选中合适的字体→选择合适的位置(水平位置和垂直位置)→在长宽比(Aspect Ratio)栏中调节滑块到适当比例→在斜角(Slant Angle)中调节滑块到适当角度→单击确定，退出文本设置，如图 2-35 所示。

选中沿曲线放置→鼠标单击一条已存在的曲线，即可使文字沿曲线方向放置，如图 2-36 所示。

图 2-35　变形文字

图 2-36　沿曲线方向放置文字

13. 调用界面

在 Pro/E Wildfire 5.0 的草绘中提供了一个形状定制库，包括一些常见的草绘截面，如工字形、星形等，可以将它们很方便地输入到草绘中。单击草绘→数据来自文件→调色板或者⑤，可以打开草绘器调色板对话框，如图 2-37 所示。预定义选项卡包括多边形、轮廓、形状和星形。选定一个截面后双击鼠标左键或拖动到绘图区来选取，将选定的形状输入到绘图区。双击鼠标左键后，将鼠标移动到绘图区，可以发现鼠标下方出现加号，此时选择放置截面的位置，同时弹出移动和调整大小对话框，如图 2-38 所示。调整好位置大小后单击中键或 ✓ 完成插入。

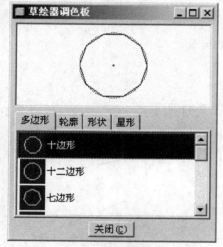

图 2-37　草绘器调色板对话框

图 2-38　移动和调整大小对话框

14. 裁剪线条(Trim)

使用裁剪线条(Trim)能够快速地对几何线条进行裁剪操作，主要有三种裁剪工具：动态裁剪图元 、切割或延伸 、点分割图元 。

1) 动态裁剪图元

动态裁剪图元有以下两种方式进行图元的裁剪：

● 单击 →鼠标单击欲裁剪掉的图元，单击鼠标中键回到选取模式 ，如图 2-39 所示。

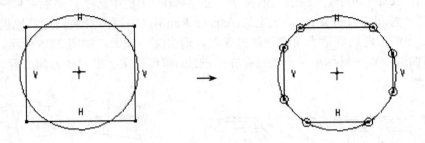

图 2-39　动态裁剪图元一

● 单击 🖋→鼠标在绘图区连续移动绘出样条曲线，与样条曲线相交的图元被选中→单击鼠标中键回到选取模式 ↖，如图 2-40 所示。

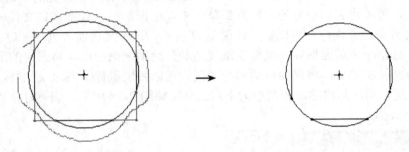

图 2-40　动态裁剪图元二

2) 切割或延伸

该功能能够实现两条线条自动剪切相交。

单击 ┌→鼠标单击欲交截的两个图元，如图 2-41 所示。

图 2-41　切割或延伸

注意：进行图元交截操作后，剩下的图元部分为鼠标点击一侧的图元。

3) 点分割图元

单击 ┌→鼠标单击欲分割图元，图元即被分割为两部分，如图 2-42 所示。

图 2-42　点分割图元

15. 镜像(Mirror)

对于轴对称的平面图，该项功能能够节省大量的工作时间。

单击 ┊ ，绘制对称轴→鼠标左键选取对称图形→单击 ▥ →单击对称轴→对称图形生成，如图 2-43 所示。

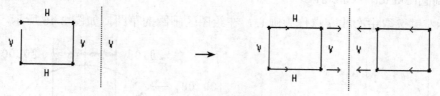

图 2-43　镜像

注意：在未选定对称图形前， ▥ 是灰色的，不能选用，故读者必须先选定对称图形。

鼠标左键选取对称图形→单击 ▥ →显示 ▥ ⊙ ，单击 ⊙ ，可以按比例旋转图形(图形的复制需通过编辑→复制来实现)。

当平面图绘制完成后，单击快捷键 ▢ 保存文件。

2.3　草图绘制实例

2.3.1　底板的草图

目的：绘制如图 2-44 所示的底板草图，学习使用绘制中心线(Centerline)、线(Line)、圆(Circle)、圆弧(Arc)及标注尺寸、修改尺寸、修剪图形、镜像图形、关键点约束等命令。

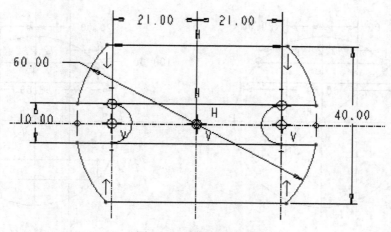

图 2-44　底板平面草图

1. 新建文件(File→New)

单击文件→新建，在对话框中选取草图绘制，并起名"diban"(底板)后，点确定按钮。

2. 绘制中心线(Sketch→Line→Centerline) ┆

用鼠标左键选取绘制中心线命令，在绘图区画出一条水平线及三条垂直中心线，如图 2-45 所示。结束时，点击鼠标中键。

3. 绘制圆(Sketch→Circle) O

用鼠标左键选取中心线交点作为圆心，在绘图区画圆的草图，如图 2-46 所示。

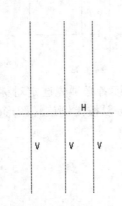

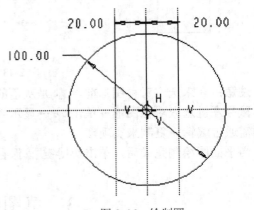

图 2-45   草图中心线   图 2-46   绘制圆

4. 绘制线(Sketch→Line) ╱

用鼠标选取圆上的点，绘制两条水平线，如图 2-47 所示。

5. 镜像线(Sketch→Mirror) ╻╻

按住 Ctrl 键，用鼠标选取两条水平线，点取镜像命令，再点对称的水平中心线，然后镜像两条水平线，如图 2-48 所示。

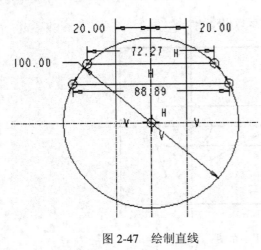

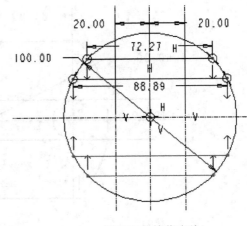

图 2-47   绘制直线   图 2-48   镜像直线

6. 绘制圆弧(Arc) ╮

用鼠标左键点取两水平线与中心线的交点作为圆弧的两个端点，注意让圆弧中心落在两条中心线的交点上，点出第三点绘制圆弧，如图 2-49 所示。

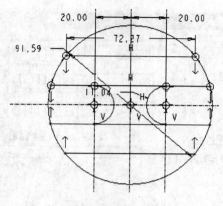

图 2-49　绘制圆弧

7. 修改约束 |

选取约束命令，在如图 2-50 所示的对话框中点击对称约束，用鼠标左键点取两水平线与圆的交点，再点取中间的对称轴，强制两水平线上下左右对称，图中显示对称标记。

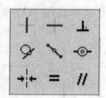

图 2-50　约束

8. 标注尺寸 |↔|

选取尺寸标注命令，用鼠标左键点取两水平线，再按鼠标中键结束，标注两水平线之间的尺寸，如图 2-51 所示。

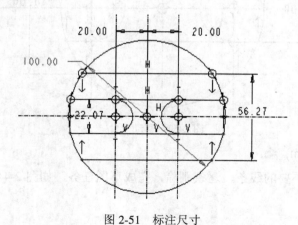

图 2-51　标注尺寸

9. 修改尺寸

点击修改尺寸命令，按下 Ctrl 键，点击所有尺寸数字显示对话框，如图 2-52 所示。修改相关的数值，以完成对图形的修改。

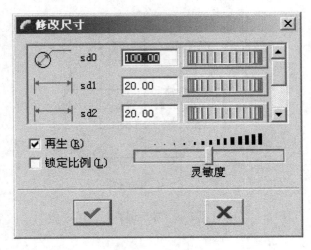

图 2-52 修改尺寸

10. 移动尺寸

确认选取按钮处于被选中状态，用鼠标左键点取要移动的尺寸标注，移动到合适位置，如图 2-53 所示。

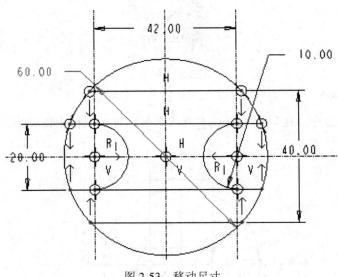

图 2-53 移动尺寸

11. 裁剪线条(Trim)

用鼠标点取外圆不要的线条，逐条删除，完成草图任务，如图 2-44 所示。

2.3.2 底座的草图

目的：绘制如图 2-54 所示的底座草图，复习绘制中心线(Centerline)、绘制圆(Circle)、镜像(Mirror)、标注尺寸(Dimension)、修改尺寸、修剪图形等的方法，学习绘制同心圆、绘制矩形、圆角等的命令。

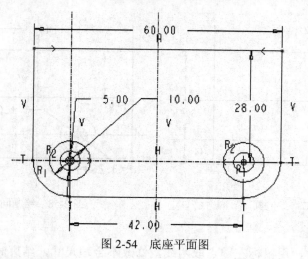

图 2-54　底座平面图

1. 新建文件(File→New)

单击文件→新建，在对话框中选取草图绘制，并起名"dizuo"(底座)，单击确定按钮。

2. 绘制中心线(Centerline) ⋮

用鼠标左键选取绘制中心线命令，在绘图区点画出两条水平中心线及两条垂直中心线，如图 2-55 所示。

3. 绘制矩形(Rectangle) □

用鼠标选取水平线上的点绘制矩形，如图 2-56 所示。

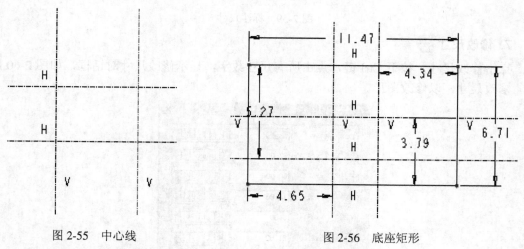

图 2-55　中心线　　　　　　　　　　图 2-56　底座矩形

4. 绘制圆(Circle) ○

不必考虑尺寸，用鼠标左键选取中心线交点为圆心，在绘图区草绘圆，如图 2-57 所示。

5. 绘制同心圆(Circle Concentric) ◎

不必考虑尺寸，用鼠标左键选取圆，绘制出同心圆，如图 2-58 所示。

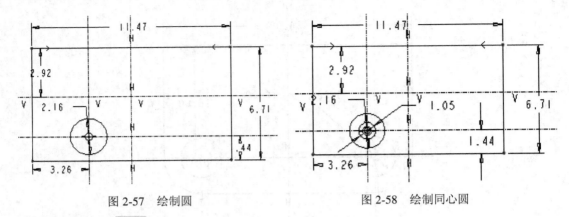

| 图 2-57 绘制圆 | 图 2-58 绘制同心圆 |

6. 标注尺寸 |↔|

按基准标注尺寸，用鼠标左键点取两线，修改不合理尺寸，结束时点击鼠标中键，如图 2-59 所示。

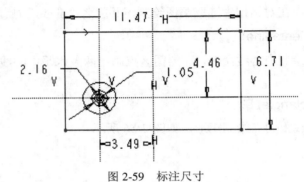

图 2-59   标注尺寸

7. 修改尺寸

点击修改尺寸，按下 **Ctrl** 键，点击所有尺寸数字，显示修改尺寸对话框，如图 2-60 所示。修改尺寸，以修改图形。

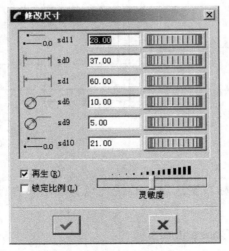

图 2-60   修改尺寸对话框

8. 镜像(Mirror)

按住 Ctrl 键，用鼠标选取两个圆，点取镜像命令，再点对称的垂直中心线，然后镜像两个圆，如图 2-61 所示。

9. 绘制圆角(Round)

用鼠标左键点取两线进行圆角，如图 2-62 所示。

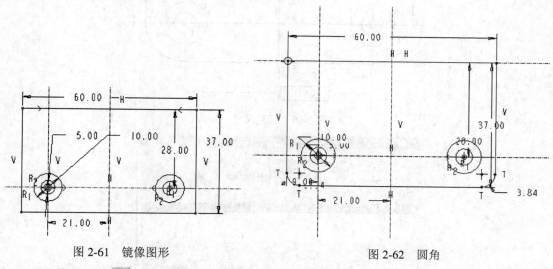

图 2-61　镜像图形　　　　　　　　　　图 2-62　圆角

10. 修改约束

单击图 2-63 中的重合约束，用鼠标左键点取圆弧的圆心及圆的圆心点，约束两点重合，如图 2-64 所示。

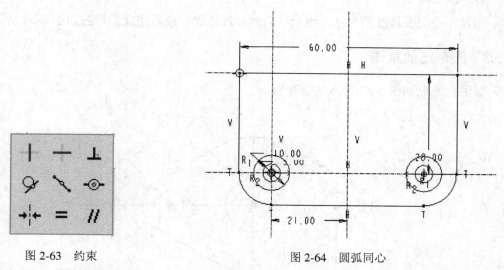

图 2-63　约束　　　　　　　　　　图 2-64　圆弧同心

11. 标注尺寸

用鼠标点取两个圆的中心线，标注对称尺寸，如图 2-65 所示。此时系统会显示如图 2-66 所示的警告提示框。根据提示，可以删除相应的多余尺寸。

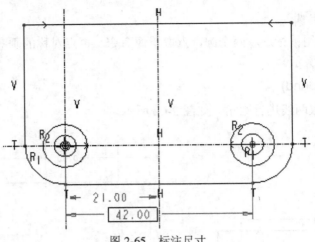

图 2-65　标注尺寸

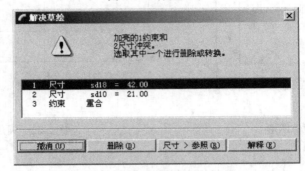

图 2-66　删除尺寸

12. 移动尺寸

用鼠标点取要修改的尺寸，逐个移动到合理位置。最后完成的草图如图 2-54 所示。

2.3.3　腰形图的草图

目的：绘制如图 2-67 所示的腰形图。

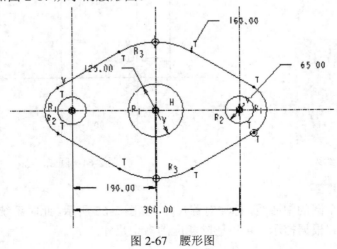

图 2-67　腰形图

分析该图形可以看出，它由四块对称的图形组成，所以只需要绘制该图的 1/4 即可。

1．新建文件

单击文件(File)→新建(New)→选择草绘(Sketch)，输入名字(Name)Yaoxing→确定(OK)。

2．绘制中心线

单击![icon]→在绘图区绘制三条中心线→单击![icon]，修改尺寸，如图 2-68 所示。

3．绘制基本图形

单击![icon]，分别绘制四条圆弧，如图 2-69 所示。

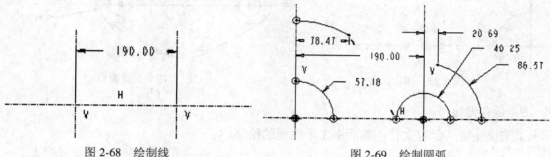

图 2-68　绘制线　　　　　　　　　　　　图 2-69　绘制圆弧

单击![icon]，添加一个半径尺寸→单击![icon]，修改尺寸，如图 2-70 所示。

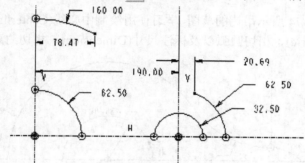

图 2-70　修改尺寸

单击![icon]，绘制连接圆弧的直线，如图 2-71 所示。

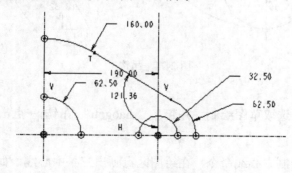

图 2-71　绘制连接圆弧的直线

单击![icon]，添加约束→单击![icon]，添加相切约束→分别单击选择两圆弧与直线，如图 2-72 所示。

4. 图形镜像

鼠标选取(可窗选)所有实线图形→单击 ⑪ →单击水平中心线→选中所有实线图形→单击 ⑪ →单击铅垂中心线，完成第二次图形镜像，如图 2-73 所示。

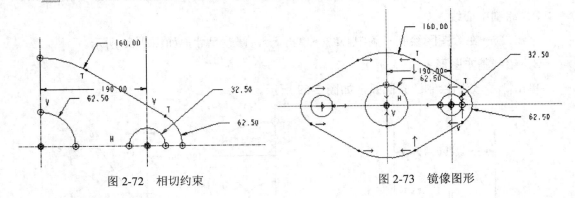

图 2-72　相切约束　　　　　　　　　　　图 2-73　镜像图形

5. 保存退出

单击快捷键，保存文件，然后退出平面图的绘制。

2.3.4　吊钩的草图

目的：绘制如图 2-74 所示吊钩的草图，学习使用绘制中心线(Centerline)、同心圆(Circle)、同心圆弧(Arc Concentric)、相切圆弧以及标注尺寸(Dimension)、相切约束等命令的使用。

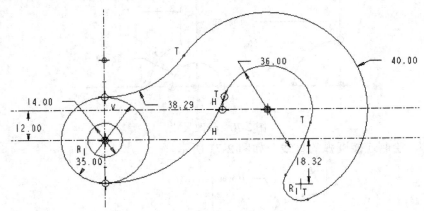

图 2-74　吊钩

1. 新建文件

单击文件→新建，选取草图绘制，并起名"diaogou"(吊钩)→点击确定按钮。

2. 绘制中心线

用鼠标左键选取绘制中心线命令，在绘图区点画出三条中心线，如图 2-75 所示。

3. 绘制圆

用鼠标左键选取中心线交点作为圆心，在绘图区画圆的草图，如图 2-76 所示。

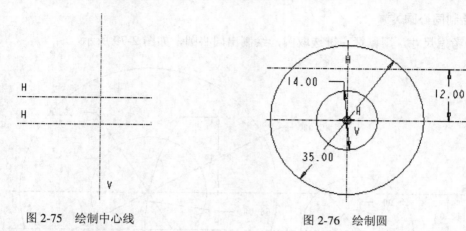

图 2-75 绘制中心线　　　　　　　　　图 2-76 绘制圆

4. 绘制同心圆弧 🔊

不必考虑尺寸，用鼠标左键选取圆，给出起点及终点，绘制出同心圆弧，如图 2-77 所示。

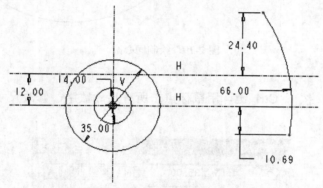

图 2-77 同心圆弧

5. 绘制圆 〇

用鼠标左键选取中心线交点作为圆心，绘制圆，如图 2-78 所示。

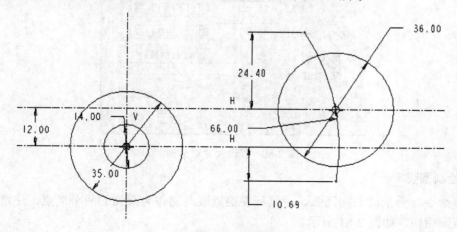

图 2-78 绘制圆

6. 绘制同心圆 ◎

不必考虑尺寸，用鼠标左键选取圆，绘制出同心圆，如图 2-79 所示。

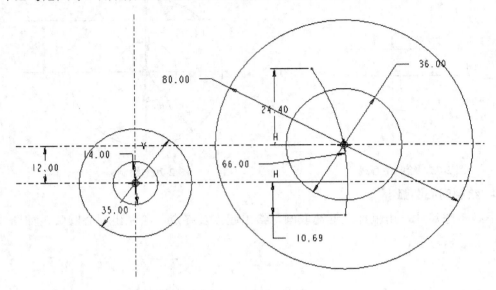

图 2-79　绘制同心圆

7. 修改尺寸

点击修改尺寸，按下 Ctrl 键，用鼠标点击所有尺寸数字，修改尺寸数值，如图 2-80 所示。

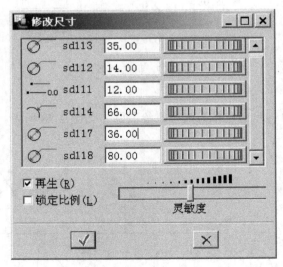

图 2-80　修改尺寸对话框

8. 绘制圆弧 ⌒

重复命令，分别绘制两圆弧。用鼠标左键点取两圆作为圆弧的两个端点，注意让绘制的圆弧与圆相切，如图 2-81 所示。

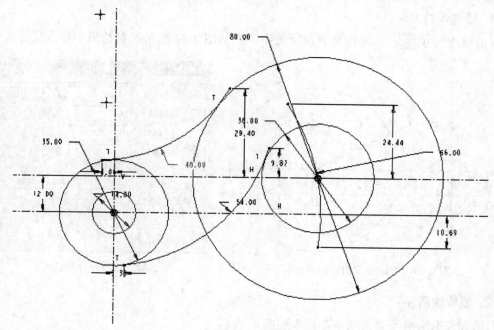

图 2-81　绘制与圆相切的圆弧

9. 绘制同心圆弧 🌀

用鼠标左键选取圆，给出起点及终点，绘制出同心相切圆弧，如图 2-82 所示。

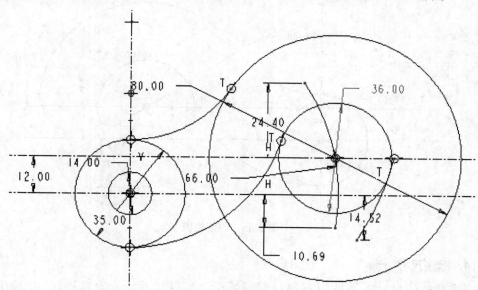

图 2-82　绘制出同心相切圆弧

10. 绘制圆弧 ⌒

用鼠标左键点取圆及圆弧端点作为圆弧的两个端点，注意让绘制的圆弧与圆相切，如图 2-83 所示。

11. 修改尺寸

点击修改尺寸 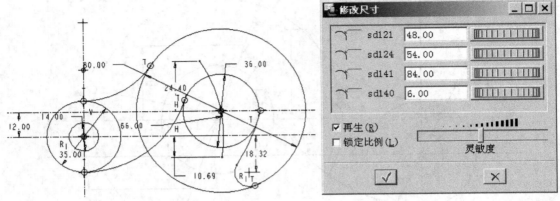，点击所有尺寸数字，在如图 2-84 所示的对话框中修改尺寸。

图 2-83   绘制与圆相切的圆弧   图 2-84   修改尺寸对话框

12. 裁剪线条 ✗

用鼠标点取所有不要的线条，逐条删除。

13. 修改约束 |

单击相切约束 ✓，用鼠标左键点取圆弧，约束相切，如图 2-85 所示。

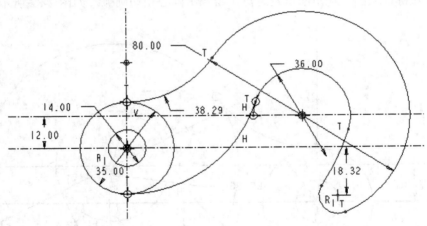

图 2-85   约束相切

14. 标注尺寸 |↔|

按基准标注尺寸，用鼠标左键点取圆弧标注半径尺寸，删除直径尺寸，如图 2-86 所示。

15. 删除线段

用鼠标点取所有不要的圆弧线段，按 Delete 键删除，完成草图任务，如图 2-74 所示。

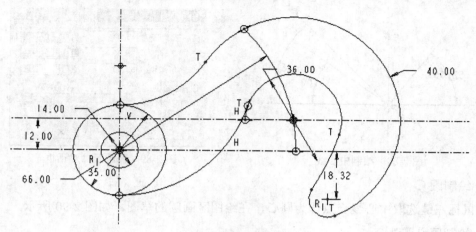

图 2-86　标注半径尺寸

2.3.5　凸轮的草图

目的：绘制如图 2-87 所示的凸轮草图，学习使用角度绘制中心线、同心圆弧、相切圆弧的方法以及圆角、相切约束等命令的使用。

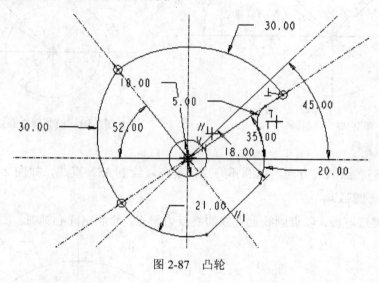

图 2-87　凸轮

1. 新建文件

单击文件→新建，选取草图绘制，并起名"tulun"(凸轮)，然后点击确定按钮。

2. 绘制中心线

用鼠标左键选取绘制中心线命令，在绘图区点画出五条中心线，如图 2-88 所示。

3. 修改尺寸

点击修改尺寸，按下 Ctrl 键，用鼠标点击所有角度尺寸数字，将出现如图 2-89 所示的修改尺寸对话框。修改尺寸，以修改图形。

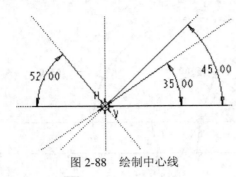

图 2-88　绘制中心线

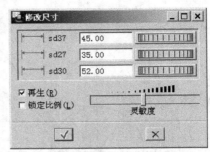

图 2-89　修改尺寸对话框

4. 绘制圆 ○

用鼠标左键选取中心线交点作为圆心，在绘图区画圆的草图，如图 2-90 所示。

5. 绘制同心圆弧

用鼠标左键选取圆，在点画线上给出起点及终点，绘制出同心圆弧，如图 2-91 所示。

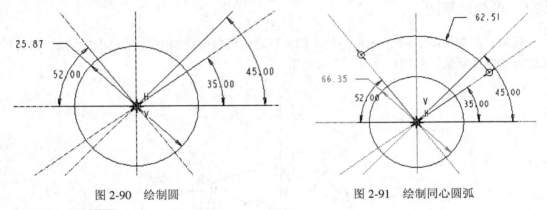

图 2-90　绘制圆   图 2-91　绘制同心圆弧

6. 绘制线 ╱

用鼠标沿 35°点画线方向，以圆弧终点为起点，绘制 35°直线，如图 2-92 所示。

7. 绘制同心圆弧

用鼠标左键选取圆，以点画线上直线的终点为起点，绘制出同心圆弧，如图 2-93 所示。

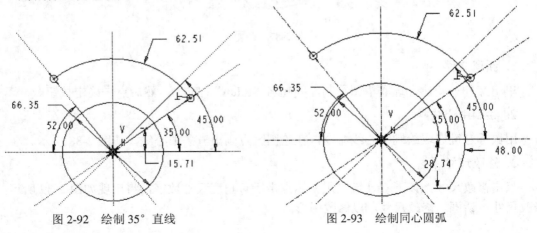

图 2-92　绘制 35°直线   图 2-93　绘制同心圆弧

8. 绘制线 /

以圆弧终点为起点，绘制45°直线，显示约束，45°线与点画线平行，如图2-94所示。

9. 绘制同心圆弧 ⤳

用鼠标左键选取圆，以45°直线的终点为起点，绘制出同心圆弧，如图2-95所示。

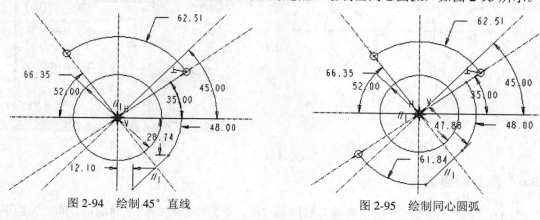

图 2-94　绘制45°直线　　　　　　　图 2-95　绘制同心圆弧

10. 绘制圆弧 ⌒

用鼠标左键点取两圆弧端点作为新圆弧的两个端点，注意不要让新绘制的圆弧与原来的两圆弧相切，如图2-96所示。

11. 绘制圆角

用鼠标左键点取两线进行圆角，如图2-97所示。

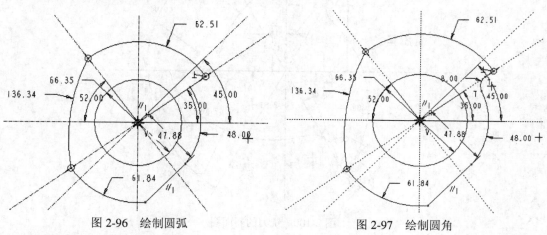

图 2-96　绘制圆弧　　　　　　　　图 2-97　绘制圆角

12. 裁剪线条 ⵢ

用鼠标点取圆角处不要的线条，逐条删除，如图2-98所示。

13. 修改尺寸 ⇨

点击修改尺寸，按下 Ctrl 键，点击所有尺寸数字，显示对话框如图2-99所示。修改尺寸后，如图2-87所示。

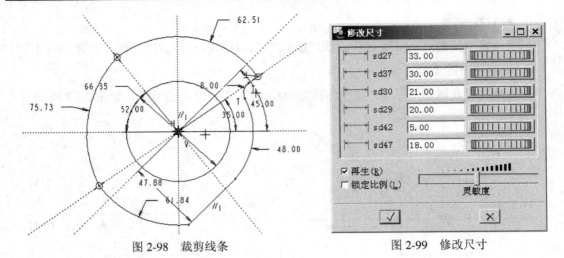

图 2-98 裁剪线条　　　　　　　　　　图 2-99 修改尺寸

2.3.6 铣刀断面的草图

　　目的：绘制如图 2-100 所示的铣刀断面的草图，学习绘制复杂的平面图形，同时为后面制作混成的铣刀模型做好准备工作。

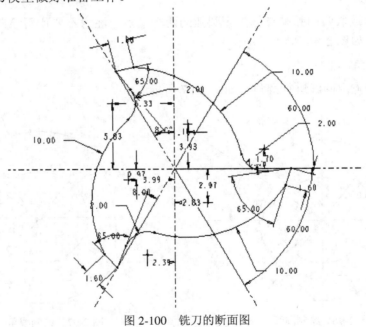

图 2-100 铣刀的断面图

1. 新建文件 🗋

　　在新建对话框的类型选项中选取草绘(Sketch)，并起名"mknife"(铣刀)，然后点击确定按钮，进入草绘界面(模式)绘制平面图。

2. 绘制中心线

　　用鼠标左键选取绘制中心线命令，在绘图区点画出一条水平线及一条垂直中心线。结束时，点击鼠标中键。

3. 绘制圆 ◯

用鼠标左键选取中心线交点作为圆心，在绘图区单击鼠标左键画圆的草图。

4. 绘制同心圆 ◎

不必考虑尺寸，用鼠标左键选取圆，再单击鼠标左键绘制出同心圆，如图 2-101 所示。

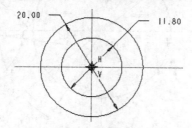

图 2-101　绘制同心圆

5. 绘制中心线 ┆

用鼠标左键选取绘制中心线命令，画出两条 60° 中心线。

6. 修改尺寸 ⇥

点击修改尺寸命令，修改相关的圆的直径数值为 φ20、φ11.8 及 60°，如图 2-102 所示。

7. 绘制直线 ╱

用鼠标在圆的交点处绘制两条直线，如图 2-103 所示。

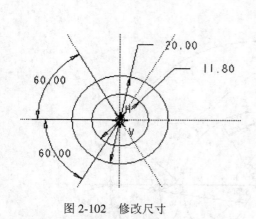

图 2-102　修改尺寸　　　　　　　　　　　　图 2-103　绘制直线

8. 标注尺寸 ↦

选取尺寸标注命令，用鼠标左键点取直线，再按鼠标中键结束，标注与线平行的尺寸(如不平行，再重新标注一次，直到满意为止)。

9. 绘制圆弧 ╲

用鼠标左键点取线的端点及小圆作为圆弧的两个端点绘制弧，注意让圆弧与直线及圆相切，如图 2-104 所示。

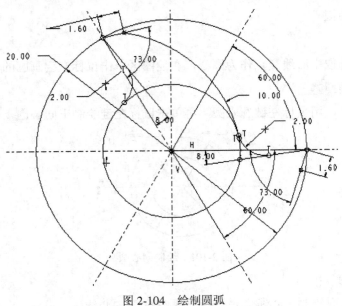

图 2-104 绘制圆弧

10. 修改尺寸

点击修改尺寸命令，修改相关圆弧的半径数值为 10.00，两直线与基准线的夹角为 8°、73°。

11. 修改约束

选取约束命令，在对话框中点击相切约束，用鼠标左键点取线与圆弧，强制两线相切。相切标记 **T** 如图 2-105 所示。

用同样的方法绘制出三段线。

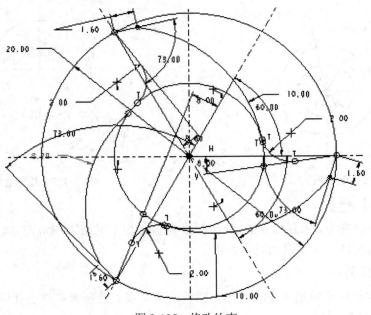

图 2-105 修改约束

12. 裁剪线条 ✄

用鼠标点取外圆不要的线条，逐条删除，完成草图，如图 2-106 所示。

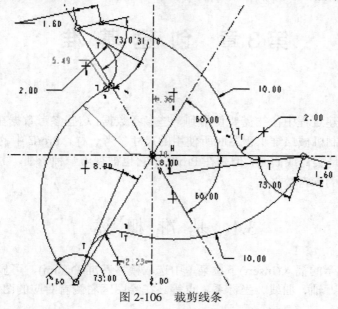

图 2-106　裁剪线条

13. 移动尺寸 ▶

确认选取按钮处于被选中状态，用鼠标左键点取要移动的尺寸标注，移动到合适位置。关闭尺寸后如图 2-107 所示。

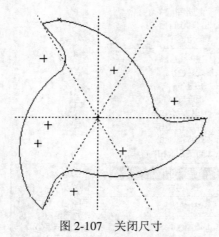

图 2-107　关闭尺寸

第 3 章　创 建 基 准

三维模型在创建过程中往往需要使用到一些参考数据，这些参考数据在 Pro/E 中称为基准。如同我们在绘制机械二维工程图时所使用的尺寸参考一样，Pro/E 中的这些参考也是必不可少的。基准不是实体或曲面，但是在 Pro/E 中它也被视为一种特征，主要用于为三维模型的创建提供合适的参考数据。

3.1　基　准　概　述

在如图 3-1 所示的插入(Insert)下拉菜单中选取模型基准(Datum)，可显示出 Pro/E 中基准的类型，即平面、轴、曲线、坐标系、点等。在绘图区右侧有对应的图标。

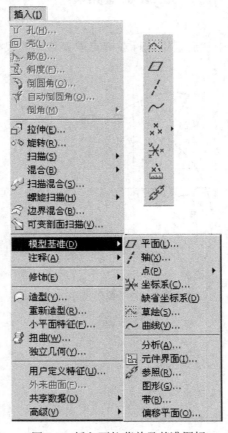

图 3-1　插入下拉菜单及基准图标

1．平面

平面可以作为平面图绘制的参考面，可以决定视图方向，可以作为尺寸标注的基准、装配零件的参考面以及产生剖视图的平面。

2．轴

轴可以作为尺寸标注的基准、旋转特征的回转轴、同轴特征的基准轴，还可以作为装配零件的参考线。

3．曲线

曲线可以作为扫描特征的扫描路径和曲面特征的边界参考线，还可以作为数控加工的切削路径。

4．坐标系

坐标系可以作为数据转换时的位置参考和装配零件的参考基准，还可以作为数控加工的原点等。

5．点

点可以作为创建 3D 曲线的基点和尺寸标注的基准，还可以作为有限元分析的施力点等。

在任一个模块中均可创建基准。基准的创建方式主要有两种：一种是创建实体或曲面特征前使用各种命令进行创建，这种特征将由始至终地存在于模型创建过程中，这种基准过多会使平面过于凌乱而影响建模；另一种是在实体或曲面特征创建过程中需要用到基准时临时创建(临时基准)，这种基准在该实体或曲面特征创建完成后即消失，不会影响后续建模。建议用户尽可能地创建临时基准。

由于上述两种创建方式的创建流程基本相同，所以为了较为系统地介绍基准的创建，本章主要介绍前一种创建方式。至于基准的用途，用户在后续各章的建模过程中将会体会到。

3.2　基准平面的创建

基准平面应该理解成一个无限大的平面，而不是仅仅局限于显示上的大小。

基准平面的创建可以通过插入(Insert)下拉菜单→模型基准(Datum)→平面(Plane)进行创建，还可以通过点击基准创建快捷按钮 ▱ 进行创建。具体创建过程如下：

插入(Insert)→基准(Datum)→平面(Plane)，或单击快捷按钮 ▱，将显示如图 3-2 所示的多种基准平面创建条件菜单管理器。

根据需要选择可行条件进行基准面的创建，在如图 3-3 所示的基准平面的显示标签中可调整轮廓、宽度、高度等。

只要进入 Pro/E 中的任何三维模块，都会显示如图 3-4 所示的 FRONT(前面)、TOP(上面)、RIGHT(右面)三个默认的基准坐标面。通常创建一个基准平面时，需要通过两个创建条件的约束才能完成，一般 Pro/E 会根据所选平面自动选择创建类型。下面在如图 3-5 所示的基础模型上对这些创建条件进行简单的介绍。

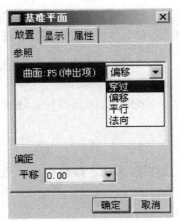
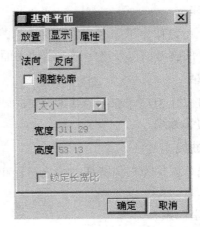

图 3-2 基准平面菜单放置标签　　　　　图 3-3 基准平面菜单显示标签

(1) 穿过(Through)：所创建的基准平面通过某个轴、2D 曲线、平面的边线、参考点、顶点或圆柱面。

单击插入→基准→平面→选取孔的轴线→穿过→确定，新基准平面 DTM1 如图 3-6 所示。

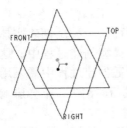
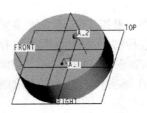
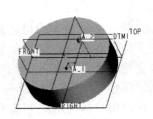

图 3-4　默认的基准坐标面　　　图 3-5　基础模型　　　图 3-6　穿过创建的基准平面

(2) 法向(Normal)：所创建的基准平面与某个轴、曲线、面的边线或另外一个平面垂直。

单击插入→基准→平面→选择 FRONT 面→法向→选取第二参考孔的轴线→穿过→确定，新基准平面 DTM1 如图 3-7 所示。

(3) 平行(Parallel)：所创建的基准平面与另外一个平面平行。

单击插入→基准→平面→选取 FRONT 面→平行→选取孔的轴线→穿过→完成，新基准平面 DTM1 如图 3-8 所示。

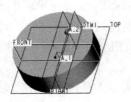
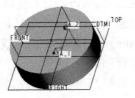
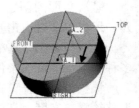

图 3-7　法向和穿过创建的基准平面　　图 3-8　平行和穿过创建的基准平面　　图 3-9　偏移方向

(4) 偏移(Offset)：所创建的基准平面由另一平面偏移而来或与坐标系相距某一距离。

单击插入→基准→平面→选取 FRONT(前面)→偏移(Offset)→输入偏移值，显示如图 3-9 所示的偏移方向→确定→完成，新基准平面 DTM1 如图 3-10 所示。

(5) 角度(Angle)：创建基准平面与另一平面成一角度。

单击插入→基准→平面→选取中轴线→穿过(Through)→按住 Ctrl 键，选取 RIGHT 面→偏移(此时显示偏距旋转值框)→输入角度 45°(如果顺时针，则输入负值)→确定→完成，新基准平面 DTM1 如图 3-11 所示。

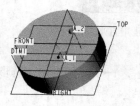 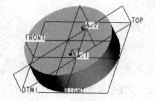 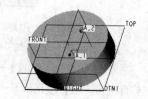

图 3-10　偏移创建的基准平面　　　图 3-11　角度创建的基准平面　　　图 3-12　相切创建的基准平面

(6) 相切(Tangent)：所创建的基准平面与某一圆柱面相切。

单击插入→基准→平面→选取圆柱面→相切→选取 FRONT 面→平行→确定→完成，新基准平面 DTM1 如图 3-12 所示。

3.3　基准轴的创建

基准轴可以通过下拉菜单进行创建，具体创建过程如下：

单击插入(Insert)→基准(Datum)→轴(Axis)，或单击快捷按钮 / ，将显示如图 3-13 所示的多种基准轴创建条件菜单管理器。下面在如图 3-14 所示的基础模型上对这些创建条件进行简单的介绍。

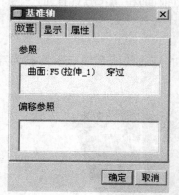 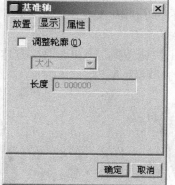 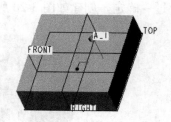

图 3-13　基准轴创建菜单放置及显示标签　　　　　图 3-14　基础模型

(1) 通过某一直线创建基准轴线，该直线可以是面的直线边界、实体的直线边界等。

单击插入→基准→轴(或单击快捷按钮 /)→选取立方体的一条边→穿过→确定，即可创建如图 3-15 所示的基准轴 A_2。

(2) 垂直于一个平面，并附加平面上定位尺寸的轴线。

单击插入→基准→轴(或单击快捷按钮 /)→选取立方体的上面→法向→点击偏移，参照选取立方体的侧边→在提示框中输入距离→选取立方体的前边→在提示框中输入距离，即可创建如图 3-16 所示的基准轴 A_3。

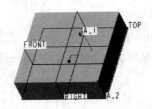

图 3-15　创建过边界的基准轴

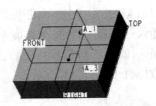

图 3-16　创建垂直平面的基准轴

(3) 通过一点并与一平面垂直的轴线。

先做一个点 PNT1→单击插入→基准→轴(或单击快捷按钮 ⫽)→选出(Pick)→选取立方体的上面→选出(Pick)→选取点，创建如图 3-17 所示的基准轴 A_4。

(4) 等同于圆柱体的中心线的轴线。

单击插入→基准→轴(或单击快捷按钮 ⫽)→选取立方体的孔的面→穿过→确定，创建如图 3-18 所示的基准轴 A_5。

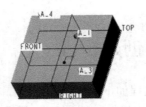

图 3-17　创建过点且垂直于平面的基准轴

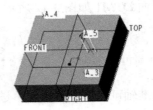

图 3-18　创建过柱面的基准轴

(5) 取两平面的交线作为轴线。

单击插入→基准→轴(或单击快捷按钮 ⫽)→选取 FRONT(前面)和 RIGHT(右面)→两个均设为穿过，创建如图 3-19 所示的基准轴 A_6。

(6) 连接两个点或顶点的轴线。

单击插入→基准→轴(或单击快捷按钮 ⫽)→选取立方体的侧边的两个端点→均设为穿过→确定，创建如图 3-20 所示的基准轴 A_7。

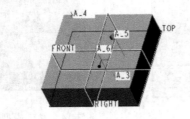

图 3-19　创建过两个平面的基准轴

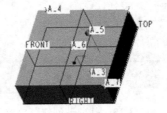

图 3-20　创建过两个点/顶点的基准轴

3.4　曲线的创建

曲线的用途相当广泛，特别是在曲面建模过程中，创建高质量的曲线对于构建高质量的曲面是相当重要的，因此用户要对曲线的创建给予足够的重视。本节主要讲述常用的基准曲线的创建方法，部分曲线的创建方法及应用将在第 6 章中介绍。

曲线可以通过草绘(Sketch)方式来创建，即在平面图绘制环境下绘制曲线，该曲线为二维曲线，亦可使用基准工具栏中的 ⬚ 快捷键快速进入草绘曲线模式。这种方式与平面图中绘制曲线完全相同，这里就不再赘述了。

曲线还可以通过单击插入→基准→曲线(或单击快捷按钮 〜)来创建。这时将显示多种曲线创建方式供用户选择，如图 3-21 所示。

- 通过点：可以创建通过点的基准曲线。
- 自文件：输入.ibl、.IGES、.SET 或 .VDA 格式的基准曲线。
- 使用剖截面：从平面与零件边界相交处创建基准曲线。
- 从方程：由方程创建基准曲线，但曲线不能自交。

图 3-21　曲线菜单管理器

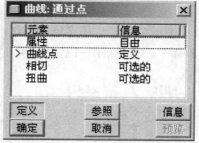

图 3-22　通过点对话框

(1) 通过点(Thru Points)：通过连接多个点来定义曲线。

单击插入→基准→曲线(或单击快捷按钮 〜)→经过点→完成，将显示如图 3-22 所示的对话框。该对话框包含以下内容：

- 属性：指定曲线是否位于选定面上。
- 曲线点：选取要连接的点。
- 相切：设置曲线的相切条件(可选)。
- 扭曲：通过多面体处理通过两点的曲线。

选取点完成后，可以在连结类型菜单管理器中选择连结类型，如图 3-23 所示。菜单管理器提供了三种方式：样条(Spline)、单一半径(Single Rad)、多重半径(Multiple Rad)。

图 3-23　连结类型菜单管理器

三种方式分别描述如下：

单击样条→按先后顺序单击各点→完成(Done)→确定(OK)，得到一条曲线，如图 3-24 所示。

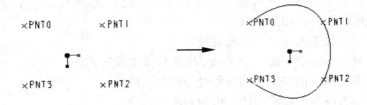

图 3-24　样条连结多个点定义曲线

单击单一半径→按先后顺序单击各点，并输入各条直线间连接圆弧的统一半径→完成选取(Done Sel)→完成(Done)→确定(OK)，得到一条曲线，如图 3-25 所示。

图 3-25　单一半径连结多个点定义曲线

单击多重半径→按先后顺序单击各点，并分别输入各条直线间连结圆弧的半径→完成→确定(OK)，得到一条曲线，如图 3-26 所示。

图 3-26　多重半径连结多个点定义曲线

(2) 使用剖截面(Use Xsec)：使用某个剖面的轮廓作为曲线。

单击插入→基准→曲线(或单击快捷按钮 ～)→使用剖截面→完成，将显示截面名称菜单管理器→选择一个存在的剖截面，即可得到截面轮廓构成的曲线，如图 3-27 所示。

注意：必须在创建这种曲线前创建剖截面，否则将无法得到曲线。

图 3-27　使用剖截面定义曲线

3.5 基准坐标系的创建

在 Pro/E 创建三维模型的过程中必须使用坐标系的情况并不多,通常在进行不同系统的数据交换时需要使用坐标系定义模型的相对尺寸位置。

常用的坐标系主要有以下 3 种:

(1) 笛卡尔坐标系:即带有 X、Y、Z 轴的坐标系。这种最为常用。

(2) 球坐标系:采用半径和角度来表示坐标的坐标系。

(3) 柱坐标系:用半径、角度和 Z 轴表示坐标轴的坐标系。

坐标系的创建可以通过单击插入→基准→坐标系进行创建(或单击快捷按钮 ⚹),将显示如图 3-28 所示的坐标系对话框。在该对话框中有多种坐标系创建方式供用户选择。

坐标系对话框有原点、方向和属性三个标签。

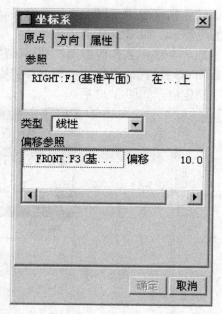

图 3-28 坐标系对话框

原点标签包含以下几部分:

● 参照:包含坐标系参照收集器,可以选取或再定义坐标系的放置参考。

● 类型:给出了偏移坐标系的几种方法(线性、径向、直径)。

● 偏移参照:可在原有参照基准上进行坐标系的偏移。

在方向标签中可以设置坐标系的位置。该标签中的定向根据指通过定义参照基准及其投影来定向坐标系。

通过属性标签可以在 Pro/E 嵌入的浏览器中查看当前基准特征的信息,同时也可以更改基准名称,如图 3-29 和图 3-30 所示。

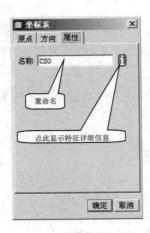

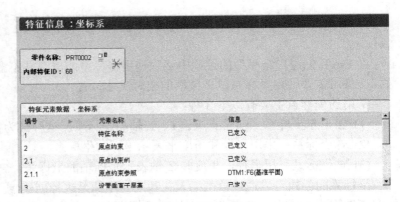

图 3-29　坐标系"属性"标签　　　　　　图 3-30　浏览器详细信息

　　创建基准坐标时，在零件中选取 3 个放置参照，这些参照可以是平面、边线、轴、曲线、基准点、顶点坐标系等，在定向标签中可以点击反向来手动定向坐标系，直接单击确定按钮将建立具有默认方向的坐标系，如图 3-31 所示。

　　此外，也可以在图形中选取一个坐标系作为参照，利用偏移类型列表来选取一种偏移类型以定义新坐标。偏移距离可以通过在原点标签中的偏移值框键入距离值来实现，也可以在图形窗口中使用控制块手动定位，如图 3-32 所示。

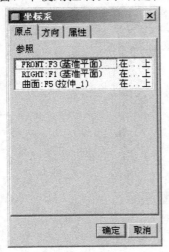

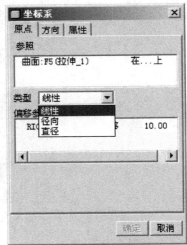

图 3-31　选取参照　　　　　　　图 3-32　选取参照坐标系及偏移类型

　　由于创建坐标系的过程较简单，因此用户完全可以通过阅读信息窗口的提示信息完成坐标系的创建，此处不再详述。

3.6　基准点的创建

Pro/E 支持 4 种类型的基准点，它们有不同的创建方法和作用。

● 普通点：在图元上、图元相交处或自某一点偏移创建的基准点。

- 草绘：在草绘器中创建的基准点。
- 自坐标系偏移：由选定的坐标系偏移所创建的基准点。
- 域点：在行为模型中用于分析的点，一个域点对应一个几何域。

基准点的创建可以通过单击插入→基准→点(或单击快捷按钮 ⚹)进行创建，将显示如图 3-33 所示的基准点对话框，其中包含放置和属性两个标签。

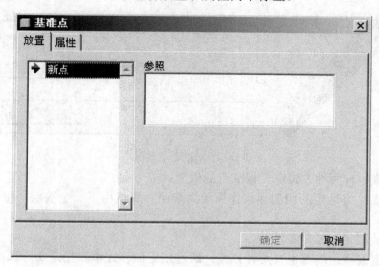

图 3-33　基准点对话框

1. 通过平面偏移基准点

在基准点对话框中，新点被添加到列表中，根据系统提示选取参照，选取模型上表面来放置基准点，偏移参照会在参照选取完成后出现，如图 3-34(a)所示。

单击偏移参照，然后按住 Ctrl 键的同时选取两个侧面作为参考面，此时新点在选定的位置出现在模型中，如图 3-34(b)所示。通过改变参照后面的数值可以调整点的位置。

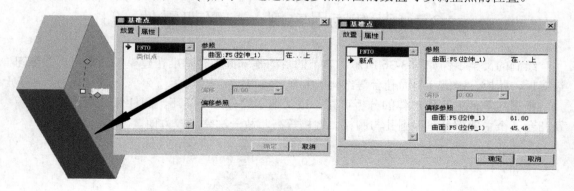

(a)　　　　　　　　　　　　　　　　(b)

图 3-34　选取放置平面及偏移参照

2. 在曲线、边线或基准轴上创建基准点

选择一条曲线、边线或基准轴→单击 ⚹→在基准点对话框中给出合适的偏移参照和偏移距离→确定，完成创建，如图 3-35 所示。

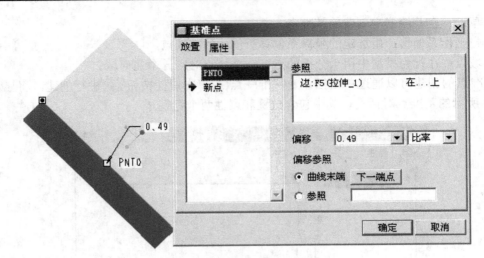

图 3-35   以边线创建基准点

在放置标签中有两种方式定义基准点的位置：

● 曲线末端：将选定的线的端点作为距离参照。要使用下一个端点，可以单击下一端点按钮。

● 参照：从选定图元测量距离。

同时在指定偏移距离时也有两种方式：通过指定偏移比率和指定实际长度。

3. 在图元相交处创建基准点

在图元相交处创建基准点时，应在选取图元的同时按住 Ctrl 键，有以下创建方式：

● 选取两条相交的曲线、边线或轴线。

● 选取与基准平面或曲面相交的曲线基准边或边线。

● 选取三个曲面或基准平面。

3.7   基准应用实例——叉架零件

绘制的叉架零件如图 3-36 所示。本节的目的是掌握各种基准在建模中的应用，并练习连接板、肋板、键槽、斜面孔台等结构的制作。

根据对零件的几何形体的分析可知，该叉架零件分为半圆环、圆柱体、连接板、肋板及凸台五个主要部分，因圆孔与圆柱、键槽等高，故一次完成较方便。

图 3-36   叉架

1. 新建文件

在绘制类型的选项中，选择默认的零件(Part)、实体(Solid)，输入零件名称"Chajia"，单击确定(OK)，然后直接进入绘制零件图的界面。

2. 进入半圆水平环的参考面

单击插入→拉伸(或直接单击 ⟟)，在消息栏中将出现如图 3-37 所示的对话框，依次点击放置、定义，然后选取 TOP 面为草绘面，选择 RIGHT 面为参考面，单击草绘对话框中的确定进入草绘界面。

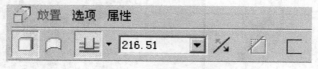

图 3-37　拉伸对话框

3. 绘制平面图

在草绘界面中点取水平及垂直基准线，绘制半圆弧、同心半圆弧及直线，封闭图形，并修改尺寸 R20、R30，如图 3-38 所示，单击 ✔ 结束。

4. 特征的生成

选正向、两向拉伸 □ →在数字框中输入高度 15，单击 ✔，生成半圆环板，如图 3-39 所示。

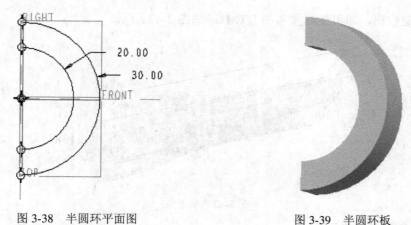

图 3-38　半圆环平面图　　　　　　　　　图 3-39　半圆环板

5. 进入平板的参考面

单击插入→拉伸(或直接单击 ⟟)，在消息栏中将出现如图 3-37 所示的对话框，依次点击放置、定义，然后选取 TOP 面为草绘面，选择 RIGHT 面为参考面，单击草绘对话框中的确定进入草绘界面。

6. 绘制平面图

在草绘界面中点取水平线、铅垂线及外圆为基准线，绘制中心线、圆及相切直线，利用约束保证相切，剪去不要的部分圆弧，封闭图形，并修改尺寸圆心距离 80、小圆直径 30，如图 3-40 所示，单击 ✔ 结束。

7. 平板的生成

选正向、双向拉伸 🔲 →在数字框中输入厚度 8，单击 ✔，生成平板，如图 3-41 所示。

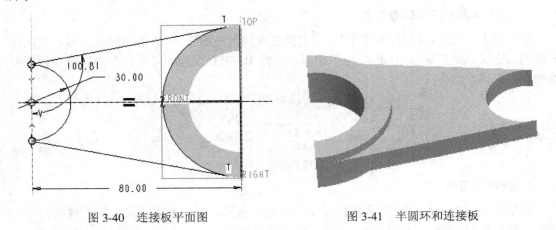

图 3-40　连接板平面图　　　　　　图 3-41　半圆环和连接板

8. 建立参考面

因圆柱面与其他面不平齐，所以要建立参考面，其步骤如下：

点击建立参考面图标 ▱ ，点击 TOP 面作为基准面，在偏移值中输入偏置数值−10，然后单击确定按钮，即可生成参考面 DTM1，如图 3-42 所示。

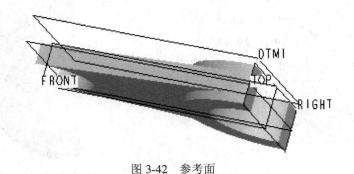

图 3-42　参考面

9. 进入圆柱的参考面

单击插入→拉伸(或直接单击 ⤴)，在消息栏中将出现如图 3-37 所示的对话框，依次点击放置、定义，然后选取 DTM1 为草绘平面，选择 RIGHT 面为参考面，单击草绘对话框中的确定按钮进入草绘界面。

10. 绘制平面图

在草绘界面中点小圆弧作为基准线，绘制圆，绘制同心小圆直径为 φ15，如图 3-43 所示，绘制键槽直线，剪去不要的部分圆弧，封闭图形，如图 3-44 所示，单击 ✔ 退出平面界面。

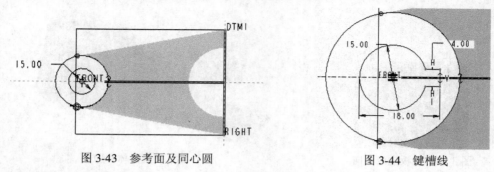

图 3-43　参考面及同心圆　　　　　　图 3-44　键槽线

11. 圆柱的生成

选正向→高度(Blind)，在数字框中输入高度 35，单击 ✔，在信息框中点击确定按钮，一次生成圆柱及内孔、键槽，如图 3-45 所示。

图 3-45　叉架主体

12. 绘制肋板

单击插入→选择筋(或单击 ▱)，出现类似于拉伸的对话框→依次点参考、定义→选择 FRONT 为草绘面。

13. 绘制平面图

用左键点取圆柱的侧转向轮廓竖线、中心线以及水平板的上面作为绘制肋板的基准线，绘制两条线作为肋板轮廓线，如图 3-46 所示。

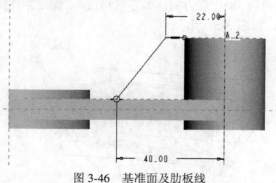

图 3-46　基准面及肋板线

14. 肋板的生成

箭头方向如图 3-47 所示，在数字框中输入高度 8，单击 ✔ 生成肋板，完成的叉架和肋板如图 3-48 所示。

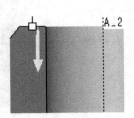

图 3-47　肋板生成方向

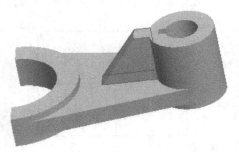

图 3-48　叉架主体和肋板

15. 建立旋转参考面

因凸台与其他面的方向不一致且不平齐，所以要建立斜参考面，其步骤如下：

点击建立参考面图标 ▱，点击 FRONT 面作为参考基准面，在菜单管理器中选取穿过 (Through)轴线，选取圆柱轴线(按住 Ctrl 键，同时选取两个对象)，在消息框中输入偏置数值使新建平面与 FRONT 面成 45°角，如图 3-49 所示。单击 ✔，然后单击完成，即可生成参考面 DTM2，如图 3-50 所示。

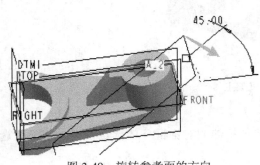

图 3-49　旋转参考面的方向

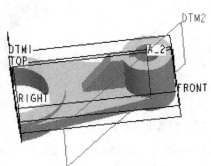

图 3-50　旋转参考面

16. 建立平行参考面

点击建立参考面图标 ▱，点击 DTM2 面作为基准面，在菜单管理器中选取输入数值 (Enter Value)，输入偏置数值 18(注意方向，如方向相反，则输入−18)，再单击确定，即可生成平行的参考面 DTM3，如图 3-51 所示。

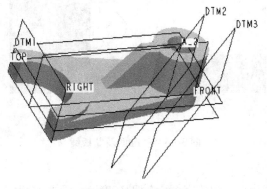

图 3-51　平行参考面

17. 进入凸台圆柱的参考面

单击插入→拉伸→依次点击放置、定义，选择 DTM3 面为草绘平面→点击确定→进入草绘界面。

18. 绘制平面图

缺省的草绘界面有时是"背面"，同样可以在所选 DTM3 平面绘图。点圆柱轴线、底板上边为基准线，绘制圆直径为 φ13，如图 3-52 所示，单击 ✔ 退出平面界面。

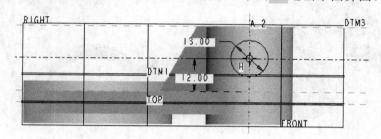

图 3-52　凸台平面图

19. 凸台的生成

选正向，注意箭头方向如图 3-53 所示→穿过下一个面，选取大圆柱表面，在信息框中点 ✔，生成凸台，如图 3-54 所示。

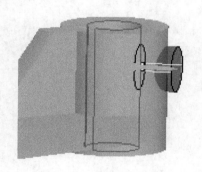

图 3-53　凸台生长方向

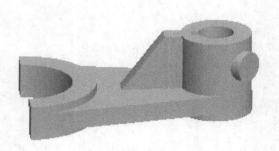

图 3-54　生成凸台

20. 进入圆孔的参考面

单击插入→孔(或直接单击 ⊥)→单击放置→选择凸台外表面为参考。

21. 圆孔的生成

以凸台中心线为偏移参考，偏移值均取为 0，再以大圆柱上表面为尺寸参考，输入孔直径为 8，选择穿过下一个面，选择竖孔内表面为参考，最后单击 ✔ 生成圆孔，如图 3-55 所示。

22. 制作圆角

单击插入→圆角(或直接点击 ◜)→在提示栏中输入圆角的半径 2→选择需要倒圆角的边线，在消息对话框中单击确定，完成圆角操作，得到叉架模型，如图 3-56 所示。

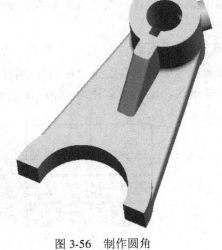

图 3-55　凸台内孔　　　　　　　　　　　　　　　图 3-56　制作圆角

因在后续各章实例中均有应用基准，故本节不再举例。

第 4 章　简单零件的造型

4.1　零件造型菜单简介

构建 3D 立体零件时，首先在主菜单文件(File)的下拉菜单中选择新建(New)，显示如图 4-1 所示的新建对话框。在新建对话框的类型选项中选择默认的零件(Part)，在子类型中选择实体(Solid)，起名后确定，直接进入绘制零件图的界面。在这种模式下只能进行零件图模型的绘制，并保存成 .ptr 的文件格式，以供实体装配或曲面模型、模具设计时调用。在零件 3D 模型创建过程中，也需要进入平面图绘制状态，绘制的方法与草图绘制的方法相同。绘制零件结构的各种命令如图 4-2 所示。依次调用插入中的各种命令，即可构造各种实体。

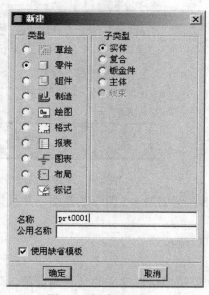

图 4-1　新建对话框

图 4-2　绘制零件的各种命令

实体建模是 Pro/E 里面使用最多的命令块之一。在实际的设计项目中，大多数模型都是通过实体建模来完成的，所以实体建模是 Pro/E 中最基本的模块，掌握实体建模的各个命令也就显得非常重要。在图 4-2 所示的菜单栏中可选取各种实体建模命令，主要包括孔、壳、斜度、倒圆角、筋、倒角、拉伸、旋转、扫描、混合、扫描混合、螺旋扫描等。

4.2　基础特征常用的造型方法简介

本节将简单介绍实体建模过程中常用的命令。

4.2.1　拉伸(Extrude)

拉伸(Extrude)是将一个封闭的底面或剖面图形，沿垂直方向拉伸成柱体。因此，在使用拉伸命令之前，必须预先准备一个封闭的草绘截面图形(一定是封闭图形)。当截面中有内环时，该内环将被拉伸成孔。在菜单管理器中，拉伸特征的基本创建步骤如下：

(1) 点击插入→拉伸，将弹出如图 4-3 所示的拉伸面板。

注意： ① 放置用来定义拉伸特征的草绘平面。

② 选项用来定义拉伸特征的方向及深度属性。

③ 属性用来修改当前拉伸特征的特征名称。

(2) 单击定义按钮，弹出草绘对话框，如图 4-4 所示，选择任一基准面作为草绘平面，点击草绘，进入草绘界面。

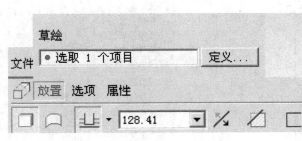

图 4-3　拉伸面板　　　　　　　　　　图 4-4　草绘对话框

(3) 在草绘平面中，绘制任意形状的平面图形，例如图 4-5 所示的截面，并且修改圆的半径为 50，单击 ✔ 。

(4) 单击拉伸面板中的选项，选择深度和拉伸方向。

定义特征生成深度有以下几种方法：

● 盲孔：直接定义拉伸特征的拉伸长度。如果拉伸属性定义的是双侧选项，则表示沿两侧方向拉伸所定义的长度。

● 对称：用于定义拉伸长度沿草绘面对称分布。

● 到下一个：用于指定拉伸特征沿拉伸方向延伸到下一个特征表面，常用于创建切减材料的拉伸特征。

● 穿透：用于指定拉伸特征沿拉伸方向穿过所有的已有特征。

● 穿至：用于指定拉伸特征沿拉伸方向延伸到指定的特征表面或基准平面。

● 到选定项：用于指定拉伸特征延伸到指定的点、线或面。

(5) 如选盲孔，则在后面文本框中输入深度尺寸 10，单击 ✓，完成的拉伸特征如图 4-6 所示。

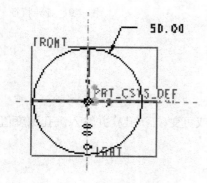

图 4-5 平面截面图形

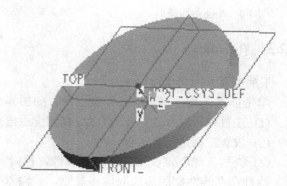

图 4-6 输入数值对话框

4.2.2 旋转(Revolve)

旋转(Revolve)特征具有"轴对称"特性，旋转体是由一个封闭的断(截)面图形，绕与其平行的轴回转而成的。因此，在使用旋转体命令之前，必须准备一个断面图形及回转轴。简而言之，旋转特征的创建原则是：截面外形绕中心轴(Axis of Revolution)旋转特定的角度。

旋转特征创建步骤的前 3 步与拉伸特征的方法及菜单一样，这里不再重复。旋转特征的创建步骤如下：

(1) 点击插入→旋转。

(2) 指定绘图面，本例选择 FRONT 平面作为绘图平面。

(3) 绘制截面和中心线，如图 4-7 所示，单击 ✓。

创建旋转特征时，在截面草绘阶段应注意如下几点：

● 草绘剖面时，需建立一条中心线作为旋转轴，且剖面外形需"全部"落在中心线一方，不允许跨越中心线。

● 如果为了满足草绘的需要，而建立数条中心线(如镜像、标注尺寸等)，则此时系统会选用"第一条"中心线(最先建立)作为旋转轴。所以要养成先画中心线(旋转中心)的习惯。

● 若为实体(Solid)类型，其截面必须为封闭型轮廓，且允许有多重回路外形。

● 若为薄体(Thin)类型，其截面可为封闭型或开口型。

(4) 在旋转面板中，单击位置→轴，选择内部 CL，在如图 4-8 所示的信息框中输入角度值 135，单击 ✓。

(5) 完成的旋转特征如图 4-9 所示。

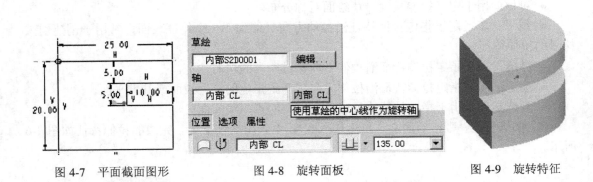

图 4-7 平面截面图形   图 4-8 旋转面板   图 4-9 旋转特征

4.2.3 孔(Hole)

孔特征的创建步骤如下：

单击插入→孔，将显示孔控制面板，如图 4-10 所示。

(1) 在直径后输入欲钻孔的直径；在深度后选打通孔或可变(打沉孔)，并输入沉孔深度值。

(2) 放置：指定打孔的面。

(3) 类型：选取定位方式，包括线性、径向、直径。

线性：在线性参照后选取偏移参照，并输入距离。

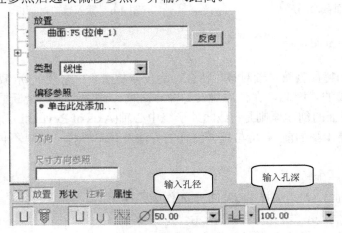

图 4-10 孔控制面板

径向：在轴参照后选取参考轴，并输入半径距离，在角度参照后选取偏移参照，并输入相对于该面的角度值。

直径：在轴参照后选取参考轴，并输入直径距离，在角度参照后选取偏移参照，并输入相对于该面的角度值。

(4) 按住 Ctrl，同时选取多个参照对象。

(5) 单击 ✔，即完成孔特征。

4.2.4 其他特征简介

倒圆角(Round)及倒角(Chamfer)是对实体的边进行圆角或倒角处理。

筋(Rib)是为实体特征增加各种筋。

壳(Shell)是将实体特征抽空成为薄壳体。

这几种特征将在后面的实例中详细介绍。

4.3 零件特征修改方法简介

Pro/E 的参数化功能使得实体零件模型的修改非常简便容易。

(1) 在模型树中点选任意特征，按鼠标右键，显示如图 4-11 所示的快捷菜单，选取编辑定义，可重新定义所有参数并修改模型。

(2) 在模型上双击选取任意特征的尺寸参数，选取要修改的尺寸并更改数值，可修改模型的大小及位置。

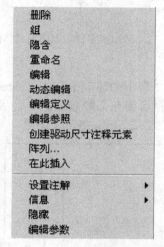

图 4-11 重新定义模型快捷菜单

4.4 零件绘制实例

4.4.1 V 形座

绘制如图 4-12 所示的 V 形座零件模型，目的是掌握常用的挤压(Protrusion)、挖切(Cut)造型方法，同时学习平面立体的造型方法。

1. 新建文件

在主菜单的文件(File)的菜单管理器中选择新建(New)，在绘制类型的选项中选择默认的零件、实体，输入零件名称 "Vxz"，单击确定按钮后直接进入绘制零件图的界面。

2. 建立特征

选取绘制草绘特征的参照绘图面，点击插入→拉伸。

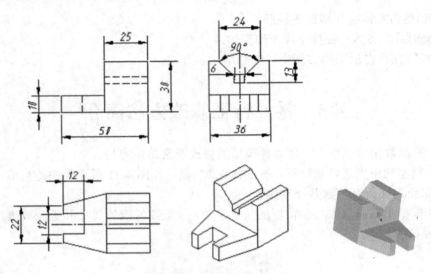

图 4-12 　V 形座零件平面图及立体图

3. 绘制草图

在草图绘制环境中，使用第 2 章中的绘制中心线(Centerline)、绘制线(Line)、标注尺寸(Dimension)、修改尺寸、修剪图形等命令，绘制如图 4-13 所示的底面特征图。

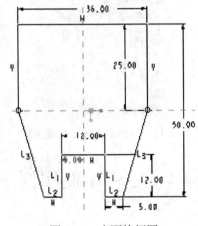

图 4-13　底面特征图

4. 完成主体

单击 ✔，在消息框中输入拉伸的板厚 30，再单击 ✔，然后在信息框中按确定按钮，即可生成 V 形座模型的主体。

5. 观看模型

拖动鼠标中键，即可转动观看如图 4-14 所示的模型主体。

6. 挖切实体

选取绘制欲挖切部分草绘的参照绘图面，其步骤如下：
点击插入→拉伸实体→在模型主体上表面建立挖切草绘图。

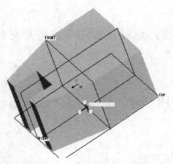

图 4-14　V 形座模型的主体

7. 绘制挖切草绘图

绘制模型切口线，如图 4-15 所示。

8. 完成主体

单击 ✓ →点击 ◁(去除材料)→沿实体所在方向，挖切深度设为 20→单击 ✓，即可生成去除前部的 V 形座模型的主体，如图 4-16 所示。

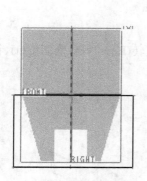

图 4-15　绘制模型切口线

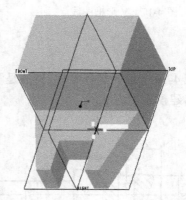

图 4-16　挖切后的模型

9. 挖切 V 形槽

选取绘制欲挖切 V 形槽的参考面，其步骤如下：

单击插入→拉伸→选取 FRONT(前面)作为基准面→进入草绘界面。

注意：每次绘草图时，应先点击水平和垂直线，作为绘图基准。

10. 绘制线 ┆

选取绘制线命令，在绘图区点画出一条垂直的中心线。

11. 绘制线 ╲

选取绘制命令，在绘图区点画出 V 形槽的图形。

12. 修改尺寸 ↤

点击修改尺寸命令，按尺寸点击所有尺寸数字显示对话框。修改相关的数值，完成对图形的修改，如图 4-17 所示。

13. 镜像线 𝅘𝅥

按住 Ctrl 键，用鼠标选取线，点取镜像命令，再点对称的水平中心线，镜像出图形，如图 4-18 所示。

14. 完成立体

单击 ✔ →箭头方向如图 4-18 所示，单击 ◩ →选项第一侧选择穿透→单击 ✔，即可生成 V 形座模型，如图 4-12 所示。

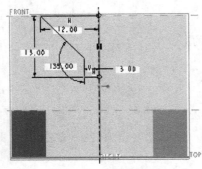

图 4-17　V 形槽图线

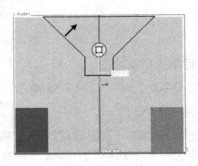

图 4-18　V 形槽对称图线

4.4.2　阀杆

绘制如图 4-19 所示的阀杆零件，目的是掌握常用的旋转(Revolve)、挖切(Cut)、钻孔(Hole)等特征的基本建模造型方法。

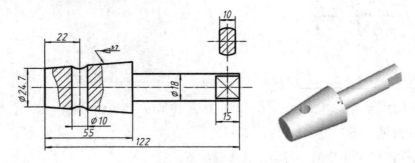

图 4-19　阀杆的平面及立体图

1. 新建文件

在主菜单的文件(File)下拉菜单中选择新建(New)，在绘制类型的选项中选择默认的零件、实体，输入零件名称"Fagan"，单击确定后直接进入绘制零件图的界面。

2. 建立特征

选取绘制草绘特征的参照绘图面，其步骤如下：

点击插入→旋转→选取 FRONT(前面)作为基准面。

3. 绘制草图

在草图绘制环境中，使用中心线(Centerline)绘制轴线，使用画线(Line)及标注尺寸

(Dimension)、修改尺寸、修剪图形等命令，绘制如图 4-20 所示的封闭的断面特征图。

4. 完成立体

单击 ✔ →旋转角度为 360(即旋转一周)→单击控制面板中的 ✔，即可生成回转体模型，如图 4-21 所示。

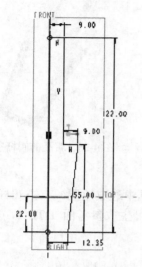

图 4-20　阀杆的平面图

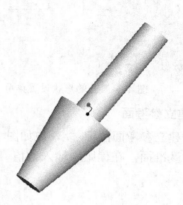

图 4-21　阀杆的主体

5. 钻孔

选取草绘的参照绘图面，如图 4-22 所示。

钻孔的选取步骤如下：

点击插入→孔，出现如图 4-23 所示的钻孔控制面板，单击放置，用鼠标选取 FRONT(前面)为钻孔面，RIGHT 和 TOP(右面和上面)作为偏移参照，距离为 0→确定钻孔位置，单击形状，出现如图 4-24 所示的形状菜单栏，选择穿透，侧 2 栏中也选择穿透，在其中给定钻孔直径为 10，单击 ✔ 结束。最后得到的钻孔如图 4-25 所示。

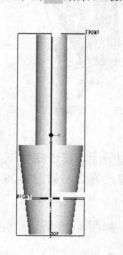

图 4-22　钻孔位置的平面图

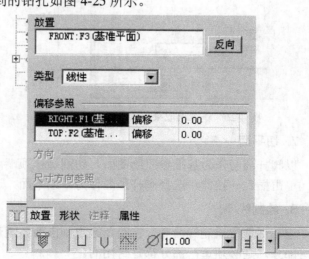

图 4-23　钻孔控制面板

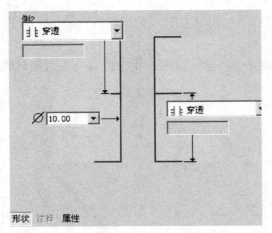

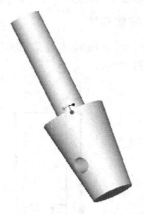

图 4-24　孔的形状设置菜单　　　　　　图 4-25　带孔的阀杆主体

6. 建立参考面

点击建立参考面图标 ▱ ，在如图 4-26 所示的对话框中选取放置，点击阀杆顶面，以顶面作为基准面，在偏距中输入数值 15，单击确定，即可生成参考面 DTM1，如图 4-27所示。

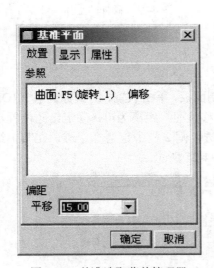

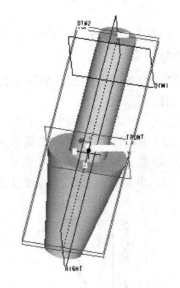

图 4-26　基准选取菜单管理器　　　　　　图 4-27　新建基准面

7. 切平面

以阀杆顶面作为基准参照绘图面，切割阀杆顶端两侧的平面，其步骤如下：

单击插入→拉伸，选择阀杆顶面作为草绘平面，进入草绘界面，如图 4-28 所示。

8. 绘制线 ╲

用左键选取绘制线命令，在绘图区点画出两条矩形线，如图 4-28 所示。注意：如欲切除两部分，则必须每一部分都是封闭的。

9. 完成主体

单击 ✔，在拉伸控制面板中点击 ∠ 去除材料，再点击选项，然后选择信息框中的到选定的，选择先前建立的参考平面作为基准，如图 4-29 所示。点击 ✔，即可生成有平面的阀杆主体，如图 4-19 所示。

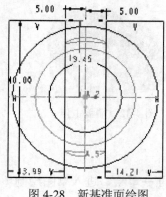

图 4-28　新基准面绘图

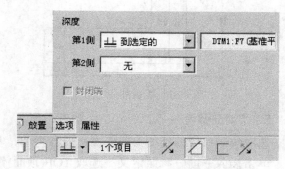

图 4-29　设置拉伸切除属性

4.4.3　端盖

绘制如图 4-30 所示的端盖零件，目的是掌握常用的旋转(Revolve)、筋(Rib)、复制(Copy)、镜像(Mirror)、阵列(Patter)、钻孔(Hole)、倒角(Chamfer)、圆角(Round)等特征的基本建模造型方法。

1. 新建文件

在主菜单的文件(File)下拉菜单中选择新建(New)，在绘制类型的选项中选择默认的零件、实体，输入零件名称"Duangai"，单击确定后直接进入绘制零件图的界面。

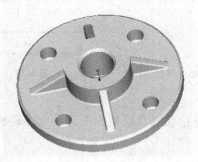

图 4-30　端盖

2. 进入绘制参考面

选取绘制草绘特征的参考绘图面，其步骤如下：

单击插入→旋转→选取 TOP(顶面)作为基准面，进入草图绘制环境。

3. 绘制草图

在草图绘制环境中，使用中心线(Centerline)绘制轴线，使用画线及标注尺寸、修改尺寸等命令，绘制如图 4-31 所示的封闭的断面特征图。

4. 完成立体

单击 ✓→旋转角度设置为 360(即旋转一周)→完成→单击信息框中的确定按钮,即可生成回转体模型,如图 4-32 所示。

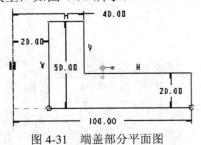

图 4-31　端盖部分平面图

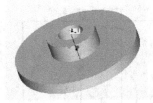

图 4-32　端盖主体

5. 绘制筋参考

选取绘制草绘特征的参照绘图面及参考面,其步骤如下:

单击插入→筋→参照定义→选取 TOP(顶面)作为基准面→草绘,进入草图绘制环境。

6. 选取基准线

点击 ▢ ,出现如图 4-33 所示的菜单栏,用左键点取圆柱的侧面竖轮廓线及底板上面的水平线,通过已有边进行创建图元,如图 4-34 所示。

图 4-33　通过边创建图元菜单栏

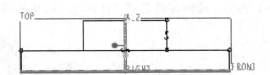

图 4-34　通过已有边创建图元

7. 绘制线 ╱

用鼠标选取圆柱的侧面竖轮廓线及底板上面,绘制筋轮廓线斜线,并修改尺寸,如图 4-35 所示。

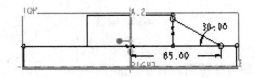

图 4-35　筋的轮廓线

8. 完成筋

单击 ✓。注意筋的生成方向如图 4-36 所示。在提示框中输入筋的板厚 10,单击 ✓,生成筋,如图 4-37 所示。

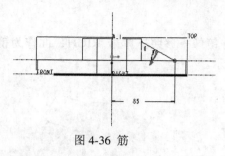

图 4-36　筋

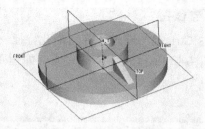

图 4-37　筋的生成方向

9. 阵列筋

选中筋特征，单击编辑→阵列，在如图 4-38 所示的菜单中选取轴→圆柱轴作为旋转轴→阵列成员数为 4→阵列成员间夹角为 90→单击 ✔，阵列筋如图 4-39 所示。

图 4-38　复制菜单管理器

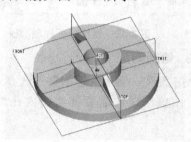

图 4-39　阵列筋

10. 绘制孔

单击插入→孔，进入绘制孔的控制面板。

所有参数如图 4-40 所示。注意选取径向、轴线和角度，否则后面无法阵列孔。单击 ✔，完成孔，如图 4-41 所示。

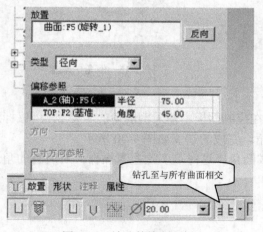

图 4-40　钻孔的控制面板

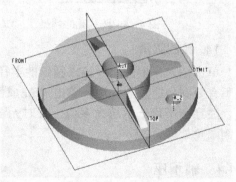

图 4-41　带孔的端盖

11. 复制孔

选择孔特征→编辑→复制→粘贴→放置→单击端盖底板的上表面→类型选择径向→定义轴线和角度，如图 4-40 所示→点击 ✔ 完成。

12. 镜像孔

按住 Ctrl 键的同时选择两个孔特征→编辑→镜像→参照→单击 RIGHT 面作为镜像平面，如图 4-42 所示→点击 ✔ 完成，如图 4-43 所示。

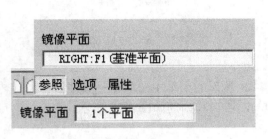

图 4-42　镜像特征控制面板

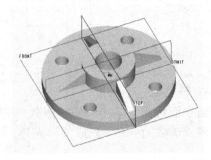

图 4-43　复制、镜像后的孔的端盖

13. 绘制倒角

单击插入→倒角→边倒角→选择 45×D，如图 4-44 所示，在控制面板中输入倒角的距离 2，用鼠标选取需要倒角的内孔边和大圆柱的上下边，单击 ✔ 完成倒角，如图 4-45 所示。

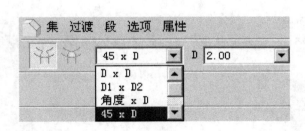

图 4-44　阵列孔的端盖

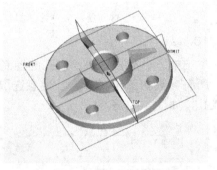

图 4-45　倒角的端盖

14. 绘制圆角

单击插入→倒圆角→输入圆角的半径 2，在控制面板中输入倒圆角的半径 2，用鼠标选取所有要圆角的筋的各边→单击 ✔ 完成倒圆角。完成的端盖如图 4-30 所示。

注意：不可一次选太多边，有时无法完成圆角，这时可多次重复操作，对所有的角进行倒圆角处理。

4.4.4　轴承座

绘制如图 4-46 所示的轴承座零件，目的是掌握常用的挖切(Cut)、筋(Rib)、倒角(Chamfer)、圆角(Round)等特征的综合建模造型方法，学习并掌握标注尺寸(Dimension)、修改尺寸、修剪图形等操作。

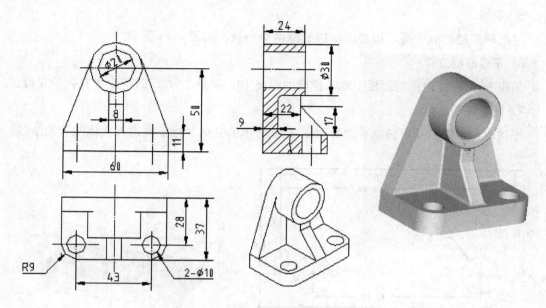

图 4-46　轴承座的平面图及立体效果图

1. 新建文件

在主菜单的文件(File)下拉菜单中选择新建(New)，　在绘制类型的选项中选择默认的零件、实体，输入零件名称"zhijia"，单击确定后直接进入绘制零件图的界面。

2. 拉伸底座

选取绘制草绘特征时的参照绘图面，其步骤如下：

单击插入→拉伸→选取 TOP(顶面)作为草绘面。

3. 绘制平面图形

平面图形的绘制有两种方法，分别介绍如下：

方法一：与第 2 章草图的绘制方法相同。

方法二：单击草绘→数据来自文件→文件系统→选取第 2 章中已绘制好的草图，平移到位，并在如图 4-47 所示的对话框中输入比例及旋转角度，单击 ✔ 结束。

4. 缩放

点击缩放图形按钮，将如图 4-48 所示的图形放大到全屏。

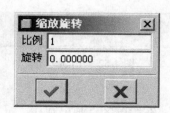

图 4-47　插入图的比例及角度

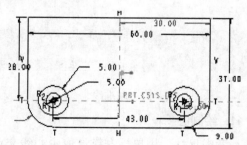

图 4-48　插入的图形

5. 删除

用鼠标左键选取小圆，按 Delete 键删除两个小圆，如图 4-49 所示。

6. 完成底板立体

单击 ✔，在拉伸控制面板中输入拉伸的距离 10，再单击 ✔，即可生成有孔的底板。

7. 查看模型

拖动鼠标中键，即可转动着观看如图 4-50 所示的立体。接下来进入立体部分的绘制。

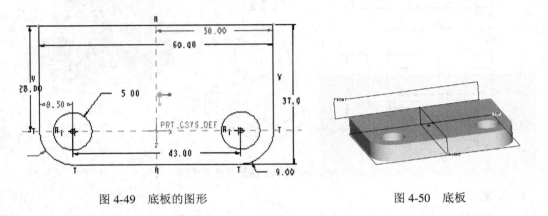

图 4-49　底板的图形　　　　　　　　　　　　图 4-50　底板

8. 拉伸立板

首先选取绘制草绘特征的参照绘图面及参考面，其步骤如下：

单击插入→拉伸→选取底座背面作为草绘面。

9. 选取基准线

用 ⬜ 点取底板的上面和侧面，然后删除两条投影线，这样就产生了两条中心线，作为绘制草图的基准线，如图 4-51 所示。

10. 绘制中心线

用左键选取绘制中心线命令，在绘图区点画出一条水平线及一条垂直中心线，如图 4-52 所示。

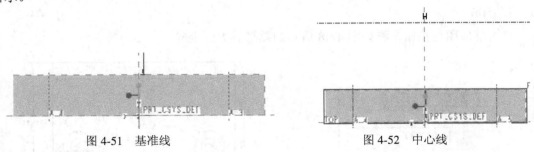

图 4-51　基准线　　　　　　　　　　　　　图 4-52　中心线

11. 绘制圆 ◯

不考虑尺寸，用鼠标左键选取中心线交点作为圆心，在绘图区点画出圆。

12. 绘制线 ／

用鼠标选取底板上的交点及圆上的切点绘制斜线，如图 4-53 所示。

13. 镜像线 ⑪

先用鼠标选取斜线，再单击镜像命令，最后单击铅垂的中心线，完成后如图 4-54 所示。

图 4-53　圆及切线

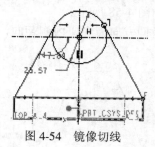

图 4-54　镜像切线

14. 标注尺寸 ↔

用鼠标左键点取两水平线，标注两水平线之间的尺寸，如图 4-55 所示。

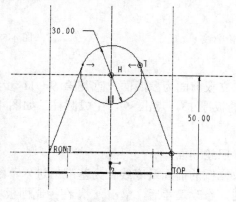

图 4-55　标注尺寸

15. 修改尺寸 ⌐

　　单击修改尺寸，按下 Shift 键，单击所有尺寸，显示的对话框如图 4-56 所示。修改相应数值即可完成对图形的修改。

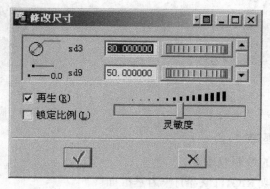

图 4-56　修改尺寸

16. 裁剪线条

用鼠标点取多余的线条，逐条删除，完成如图 4-57 所示的立板轮廓草图。

17. 完成立板

单击✓，在拉伸控制面板中输入板厚 11，然后单击✓，再单击信息框中的确定按钮，生成立板，如图 4-58 所示。

注意： 拉伸方向为底座内侧朝向，点击可改变拉伸方向。

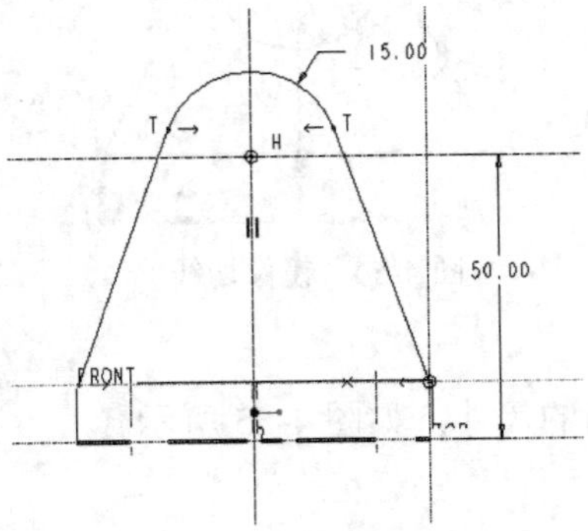

图 4-57　立板轮廓线

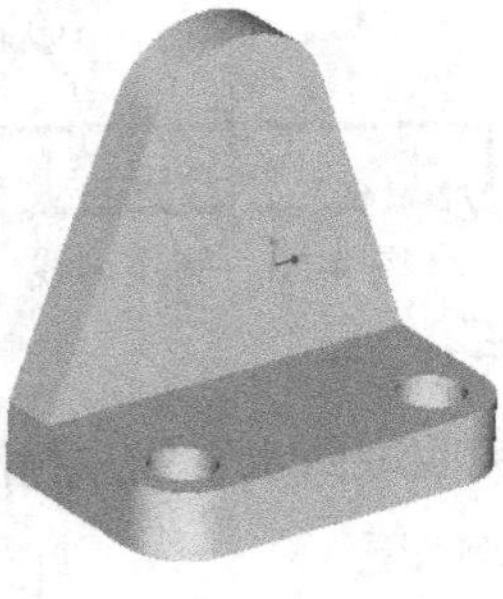
图 4-58　立板

18. 绘制圆柱

单击插入→拉伸→选取立板前面为参照面，重复第 9～11 步绘制直径相同的圆，点击✓，在提示栏中输入拉伸的板厚 13，点击✓，生成圆柱，如图 4-59 所示。

19. 绘制圆孔

选取绘制草绘特征的参照绘图面。

单击插入→拉伸→选取立板的前面及底线作为基准→进入草绘界面。

重复第 9～11 步绘制圆，修改尺寸后，单击✓，在控制面板中点→选项→穿透，生成圆孔，如图 4-60 所示。

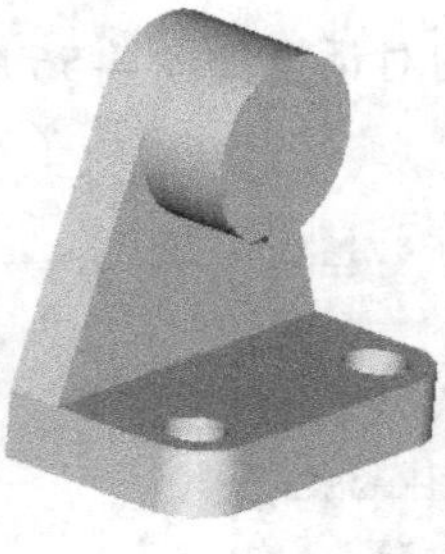
图 4-59　大圆柱

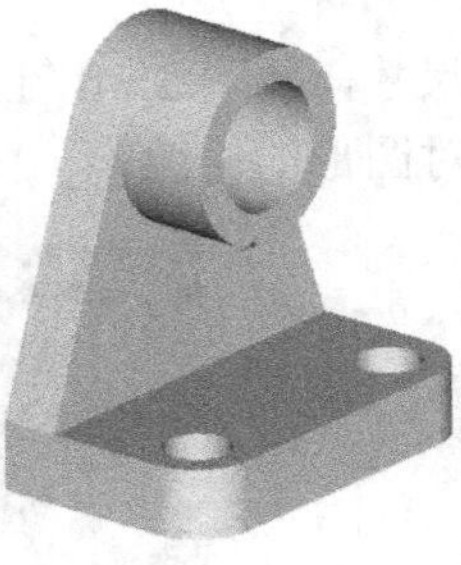
图 4-60　圆柱孔

20. 选取绘制筋的基准

选取绘制草绘特征的参照绘图面。

单击插入→筋→选取 RIGHT(右面)作为基准面。

21. 选取基准线

用 ▢ 投影圆柱的下水平轮廓线、立板前面的竖线以及底板的上面和侧面，删除投影线，留下基准线，作为绘制筋图的基准线，如图 4-61 所示。

22. 绘制线 ╱

用鼠标选取底板上表面与侧面的交点绘制筋的轮廓线斜线，并修改尺寸，如图 4-62 所示。

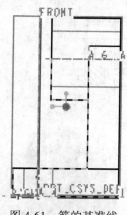

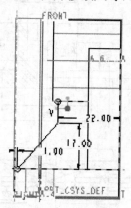

图 4-61　筋的基准线　　　　　　　　图 4-62　筋的轮廓线

23. 绘制筋

单击 ✔，在提示框中输入筋的板厚 8，单击 ✔，生成筋，如图 4-63 所示。注意箭头方向向内。

24. 绘制倒角

绘制倒角时，依次按照下面的菜单命令进行操作：

单击插入→倒角→边倒角→45×D。输入倒角的距离 1.5，用鼠标选取需要倒角的内外孔边，在控制面板中点击 ✔，生成倒角，如图 4-64 所示。

图 4-63　筋　　　　　　　　　　　图 4-64　倒角

25. 绘制圆角

绘制圆角时，依次按照下面的菜单命令进行操作：插入→倒圆角→在控制面板中输入圆角的半径 1.5→用鼠标选取所有要圆角的筋的各边，单击 ✔，完成圆角操作。此时得到的轴承座模型如图 4-46 所示。

4.4.5　底座零件

目的：绘制如图 4-65 所示的底座零件，掌握绘制中心线(Centerline)、绘制圆(Circle)、镜像(Mirror)、标注尺寸(Dimension)、修改尺寸、修剪图形等操作。

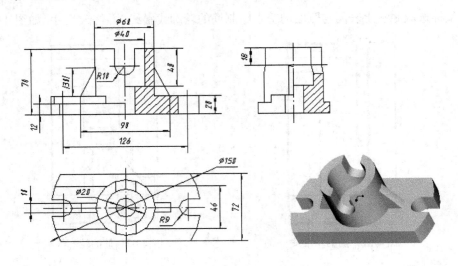

图 4-65　底座的平面图及立体效果图

1．新建文件

在主菜单文件(File)的下拉菜单中选择新建(New)，在绘制类型选项中选择默认的零件(Part)、实体(Solid)，输入零件名称"Dizuo"，单击确定(OK)后直接进入绘制零件图的界面。

2．绘制底板草图

绘制如图 4-66 所示的草图，其方法同 4.4.4 节的第 3 步。

3．修改草图尺寸

选取草图中的尺寸，根据零件的实际尺寸进行修改。修改完成后，重新生成如图 4-67 所示的新的草图。

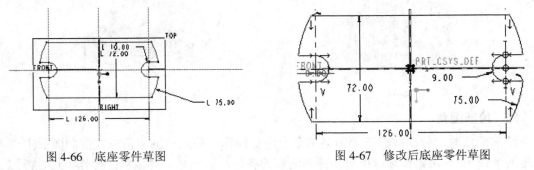

图 4-66　底座零件草图　　　　　　　图 4-67　修改后底座零件草图

4．完成草图

继续当前截面的操作，单击草绘工具命令条中的 ✔，在消息提示框输入板厚的数值，

单击 ✔，完成实体特征的生成。生成的实体如图 4-68 所示。

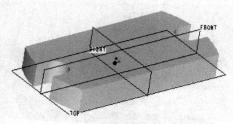

图 4-68　底座立体

5. 绘制圆柱参照面

选取绘制草绘特征的参照绘图面及参考面，其步骤如下：

单击插入→拉伸→选取底板的上面及底线作为基准。

6. 绘制圆 ◯

用鼠标左键选取中心线交点为圆心，在绘图区点画圆，直径为 60，点击 ✔。

7. 绘制圆柱

在提示消息栏中输入拉伸的板厚 50，点击 ✔，生成圆柱体。

8. 建立参考面

点击建立参考面图标 ▱，在菜单管理器中选取参照，点击圆柱体顶面，以顶面作为基准面，在菜单管理器的平移消息框中输入偏置数值 -40，再单击确定，即可生成参考面，如图 4-69 所示。

9. 绘制圆孔

首先选取绘制草绘特征的参照绘图面，其步骤如下：

单击插入→拉伸→选取圆柱的上面作为基准。

然后绘制圆，修改尺寸直径为 20，单击 ✔，点击 ▱，选项→穿透，在信息框中点 ✔，生成圆孔，如图 4-70 所示。

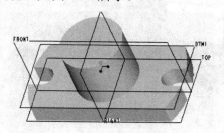

图 4-69　圆柱特征及基准的生成

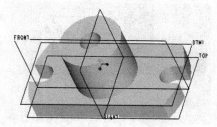

图 4-70　圆柱孔特征的生成

10. 绘制沉孔

首先选取绘制草绘特征的参照绘图面，其步骤如下：

单击插入→拉伸→选取圆柱的上面作为基准。

然后绘制圆，修改尺寸直径为 40，单击 ✔，点击 ▱→选项→到选定的，选取新建的基准面 DTM1，在信息框中点 ✔，生成沉孔，如图 4-71 所示。

图 4-71　圆柱沉孔

11. 绘制筋板

单击插入→筋→选取 FRONT(前面)作为基准面。

12. 创建基准线

点击 ▯，选取大圆柱的侧竖线以及底板的上面，进行投影，然后删除投影线，留下参照线作为绘制筋的基准线。

13. 绘制线 ╱

用鼠标选取底板与圆柱的侧竖线，绘制筋的轮廓线斜线，并修改尺寸，如图 4-72 所示。

14. 生成筋板

单击 ✔，选择筋的生成方向，在提示消息栏中输入拉伸的板厚 10，点击 ✔，生成筋板。

15. 镜像筋

选择筋特征→编辑→镜像→参照→选取 RIGHT 坐标面作为镜像平面，点击 ✔，生成对称筋，如图 4-73 所示。

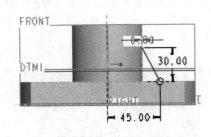

图 4-72　筋外形的绘制

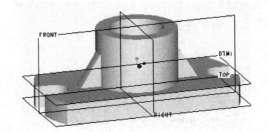

图 4-73　筋的生成

16. 建立半圆水平孔的参考面

选取绘制草绘特征的参照绘图面，其步骤如下：

单击插入→拉伸→选取 FRONT(前面)作为草绘面。

17. 选取基准线

重复第 12 步，选取大圆柱的上顶线及中心线作为绘制半圆槽的基准线，如图 4-74 所示。

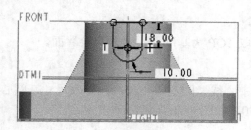

图 4-74　槽特征平面的绘制

18. 绘制线及绘制圆

绘制半圆槽线，并修改尺寸，单击 ✔。

19. 槽特征的生成

点击 ◿ →选项→第 1 侧→穿透→第 2 侧→穿透，在信息框中点 ✔，生成半圆槽孔，得到如图 4-65 所示的底座零件。

4.4.6　支座零件

绘制如图 4-75 所示的支座零件，目的是掌握绘制筋、凸台、沉孔等复杂组合立体的制作方法。

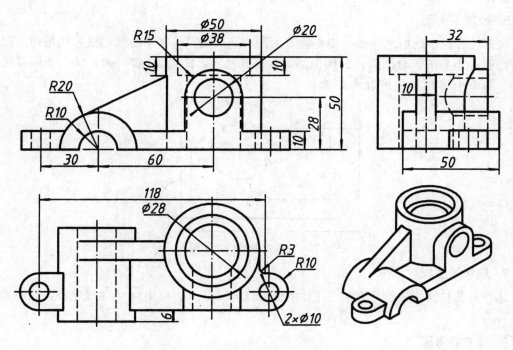

图 4-75　支座

1. 新建文件

在绘制类型选项中选择默认的零件(Part)、实体(Solid)，输入零件名称"Zhizuo"，单击确定(OK)后直接进入绘制零件图的界面。

2. 进入圆柱的参考面

单击插入→拉伸→选取 TOP 为基准面，进入草绘界面。

3. 绘制平面图

在草绘界面中，绘制中心线、圆及同心圆，并修改尺寸，圆心距离为 60、35，大圆直径为 φ50，小圆直径为 φ30，如图 4-76 所示，单击 ✔ 结束。

4. 圆柱的生成

在数字框中输入高度 50，单击 ✔ ，一次生成圆柱及内孔，如图 4-77 所示。

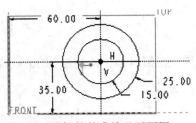

图 4-76　圆柱的基准线及平面图

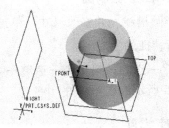

图 4-77　生成的圆柱

5. 进入底板的草绘面

单击插入→拉伸→选取 TOP 为基准面，进入草绘界面。

6. 绘制平面图

在草绘界面中选取水平线、铅垂线及大圆为基准线，绘制中心线和圆，利用约束保证相切，剪去不要的部分圆弧，封闭图形，并修改尺寸，距离为 47、90、10，小圆直径为 Φ20，如图 4-78 所示，单击 ✔ 结束。

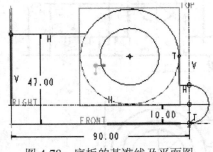

图 4-78　底板的基准线及平面图

7. 底板的生成

选择与圆柱同侧的拉伸方向，在数字框中输入高度 10，单击 ✔ ，生成底板，如图 4-79 所示。

8. 建立参考面

因为水平半圆柱面与其他面不平齐，所以要建立参考面，其步骤如下：

点击建立参考面图标 ▱ ，在菜单管理器中选取参照，点击 FRONT 面作为基准面，在菜单管理器的平移消息框中输入偏置数值 10，注意方向如图 4-80 所示，再单击确定，即可生成参考面 DTM1，如图 4-81 所示。

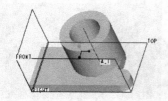
图 4-79 生成的底板

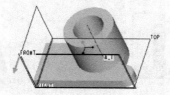
图 4-80 基准面生成的方向

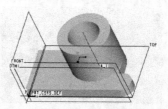
图 4-81 生成的基准面

9. 进入半圆柱的参考面

单击插入→拉伸→选取 DTM1 为基准面，进入草绘界面。

10. 平面图

在草绘界面中以水平线、铅垂线、圆柱轴线作为基准线，绘制半圆和底边直线，封闭图形，并修改尺寸，圆半径为 20，如图 4-82 所示，单击 ✔ 结束。

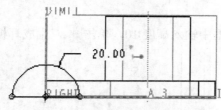
图 4-82 半圆柱的基准线及平面图

11. 半圆柱的生成

沿如图 4-83 所示的箭头方向生成实体，在数字框中输入拉伸厚度 60，单击 ✔，生成半圆柱，如图 4-84 所示。

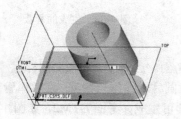
图 4-83 半圆柱的生成方向

图 4-84 生成的半圆柱

12. 进入半圆孔的参考面

单击插入→拉伸→选取 DTM1 为基准面，进入草绘界面。

13. 绘制平面图

在草绘界面中绘制同心半圆，并修改尺寸，圆半径为 10，如图 4-85 所示，单击 ✔ 结束。

14. 半圆孔的生成

点击 ◿ →选项→穿透，注意切除方向，在信息框中点 ✔，生成半圆孔，如图 4-86 所示。

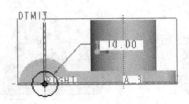

图 4-85　半圆孔的平面图　　　　　　　　　图 4-86　生成的半圆孔

15. 进入耳板的参考面

单击插入→拉伸→选取 TOP 为基准面，进入草绘界面。

16. 绘制平面图

在草绘界面中选取水平线、铅垂线及半圆的轴线为基准线，绘制中心线和圆，剪去不要的部分圆弧，并修改尺寸，距离为 30，小圆半径为 10，如图 4-87 所示，单击 ✔ 结束。

17. 耳板的生成

选择拉伸方向，在数字框中输入高度 10，单击 ✔，生成耳板，如图 4-88 所示。

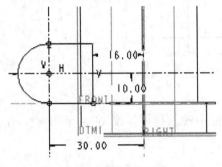
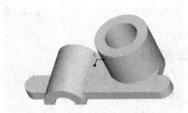

图 4-87　耳板的草绘平面图　　　　　　　　图 4-88　生成的耳板

18. 建立参考面

因水平半圆柱面与其他面不平齐，所以要建立参考面。点击建立参考面图标 ▱，在菜单管理器中选取参照，按住 Ctrl 键，点击 FRONT 面和大圆柱轴线作为参考，在菜单管理器中分别选取穿过、平行，如图 4-89 所示，然后单击确定，即可生成参考面 DTM2，如图 4-90 所示。

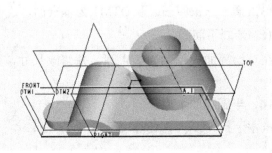

图 4-89　生成参考面　　　　　　　　　　　图 4-90　生成的基准面

19. 绘制筋

单击插入→筋→选取 DTM2 作为基准面，进入草绘界面。

20. 绘制平面图

用投影的方法选取大圆柱的侧转向轮廓竖线、中心线以及圆弧作为绘制筋的基准线，绘制一条切线及圆弧作为筋轮廓线，如图 4-91 所示。注意一定要绘制圆弧。

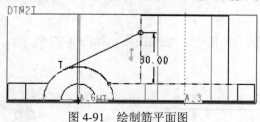

图 4-91　绘制筋平面图

21. 筋的生成

沿如图 4-92 所示的箭头方向生成筋，在数字框中输入高度 10，单击 ✔，生成筋，如图 4-93 所示。

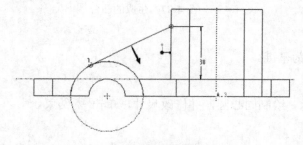

图 4-92　筋的生成方向

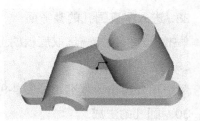

图 4-93　生成筋

22. 进入凸台的参考面

单击插入→拉伸→选取底板的前面为基准面，进入草绘界面。

23. 绘制平面图

在草绘界面中以底板上边水平线及圆的轴线为基准线(利用投影法获得)，绘制中心线和圆，利用约束保证线铅垂，剪去不要的部分圆弧，并修改尺寸，距离为 18，小圆半径为 10，如图 4-94 所示，单击 ✔ 结束。

24. 凸台的生成

单击选项→到下一个，单击 ✔，生成凸台，如图 4-95 所示。

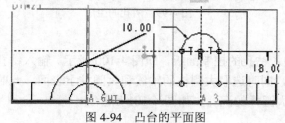

图 4-94　凸台的平面图

图 4-95　生成的凸台

25. 进入水平圆孔的参考面

单击插入→拉伸→选取底板的前面作为基准。

26. 绘制平面图

点取凸台圆柱的上顶线作为基准线，绘制同心圆，并修改尺寸，如图 4-96 所示，单击 ✔。

27. 圆孔的生成

单击选项→到下一个，单击 ✔，生成圆孔，如图 4-97 所示。

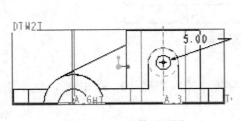 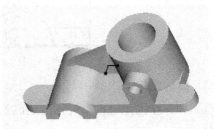

图 4-96   孔的平面图   图 4-97   生成的凸台

28. 进入垂直圆孔的参考面

单击插入→拉伸→选取底板的上面作为基准。

29. 绘制平面图

两个耳台圆作为基准，如图 4-98 所示。绘制同心圆，并修改尺寸，单击 ✔ 结束。

30. 圆孔的生成

点击 ⬜→选项→穿透，注意切除方向，在信息框中点 ✔，生成两个圆孔，如图 4-99 所示。

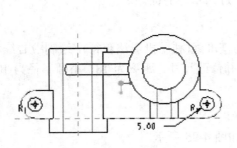 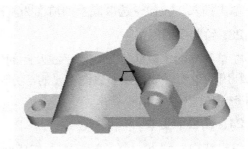

图 4-98   两孔的平面图   图 4-99   两孔的生成

31. 钻孔 1

进入钻孔的对话框，单击插入→孔，进入钻孔的控制面板，如图 4-100 所示。输入钻孔直径 38，钻孔深度 10，放置→按住 Ctrl 键，同时选取大圆柱的轴线和大圆柱上表面，此时类型自动默认为同轴，单击 ✔ 结束，得到大圆柱的沉孔，如图 4-101 所示。

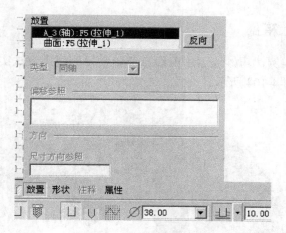

图 4-100 钻孔的控制面板

32. 钻孔 2

进入钻孔的控制面板,重复上步命令,用同样的方法分别选取两侧的小孔轴线和小孔上表面,制作小孔的沉孔,沉孔直径为 10,孔深为 3,如图 4-102 所示。

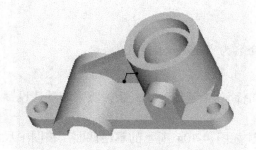

图 4-101 圆柱沉孔

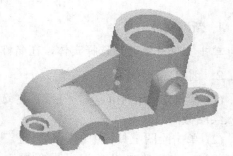

图 4-102 小圆柱的沉孔

33. 绘制圆角

单击插入→倒圆角→在控制面板中输入圆角的半径 1,用鼠标选取要圆角的边→完成,在消息对话框中单击 ✔,完成圆角操作,得到如图 4-103 所示的模型。

注意不要一次选太多边,可能不能圆角,可多次重复圆角操作来完成。

图 4-103 所有圆角

4.4.7　齿轮减速器上箱盖

本实例作为综合实例，巧妙地运用前面章节中学习的建模方法实现齿轮减速器上箱盖的设计，其效果图如图 4-104 所示。

图 4-104　最终的减速器上箱盖

1．新建文件

单击文件→新建，选择实体，在名称栏中命名为"shangxianggai"。

2．创建底座特征

(1) 单击工具栏中的 ⬚，在绘图区选择 TOP 面作为绘图面，其余按照系统默认设置，进入绘图截面。

(2) 单击绘图工具栏中的矩形按钮 □，创建如图 4-105 所示的草绘截面，按图中尺寸进行标注，之后单击 ✔，退出草绘模式。

(3) 单击工具栏中的拉伸按钮 ⬠，对草绘截面进行拉伸，深度设置为 7，生成如图 4-106 所示的拉伸特征。

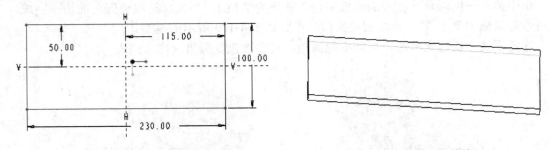

图 4-105　绘制矩形截面　　　　　　　　图 4-106　拉伸特征

(4) 单击工具栏中的圆角按钮 ⬠，对图 4-106 中的边角倒圆角，半径设置为 23。

(5) 单击拉伸按钮 ⬠，在左下方的操作板中选择草绘的平面为现有模型的上边面，绘制如图 4-107 所示的草图，拉伸的厚度设定为 21。

(6) 对步骤(5)中拉伸所得的特征的两个直角倒圆角，半径均为 13。

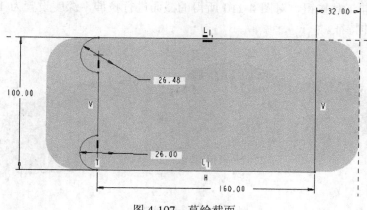

图 4-107   草绘截面

3．创建轴承座特征

（1）创建基准平面。以创建底座特征的步骤(5)中所得特征的实体表面作为参照，生成在实体之外偏距为 2 的基准平面，如图 4-108 和图 4-109 所示。

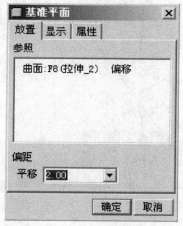

图 4-108   基准平面对话框

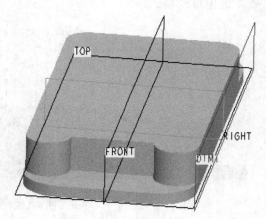

图 4-109   创建基准平面

（2）单击工具栏中的草绘按钮 ，绘图平面选择为 DTM1，其余按照系统默认设置，进入草绘界面，绘制如图 4-110 所示的草图。

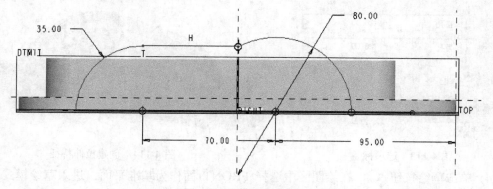

图 4-110   轴承座草图 1

(3) 单击拉伸工具按钮，对图 4-110 所得的截面进行拉伸，深度设置为 104，生成如图 4-111 所示的拉伸特征。

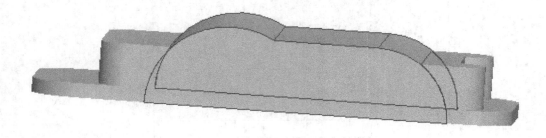

图 4-111　轴承座特征 1

4．创建箱体特征

(1) 单击工具栏中的草绘按钮，选择 FRONT 面作为绘图平面，进入草绘界面。

(2) 绘制如图 4-112 所示的草绘截面，按照图中标注尺寸(圆的尺寸均为直径)，然后单击 ✔，退出草绘模式。

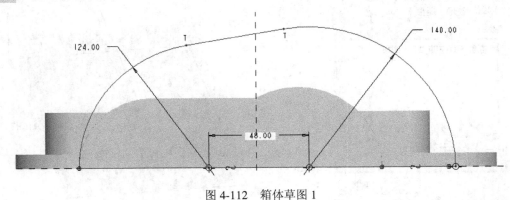

图 4-112　箱体草图 1

(3) 单击工具栏中的拉伸按钮，打开如图 4-113 所示的选项标签，将第一侧和第二侧的深度均设定为 26，创建如图 4-114 所示的拉伸特征。

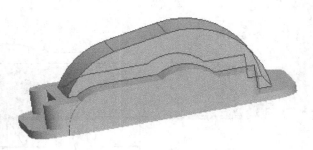

　　　　图 4-113　选项标签　　　　　　　　　　图 4-114　创建拉伸特征

(4) 单击草绘按钮，在绘图区中选择 FRONT 面作为基准平面，进入草绘模式。绘制如图 4-115 所示的草图，按照图中尺寸进行标注，单击 ✔，退出草绘界面。

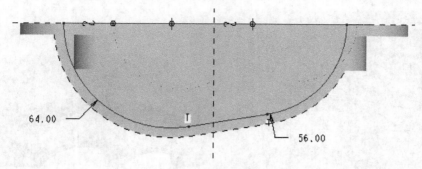

图 4-115　截面草图

(5) 进行拉伸，单击左下方操作板中的去除材料按钮 ⬚，在选项标签中确定第一侧和第二侧的深度均为 20，创建的去除材料拉伸特征如图 4-116 所示。

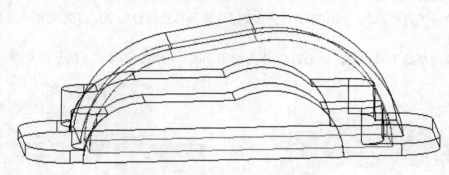

图 4-116　去除材料拉伸特征

5. 创建轴承座特征

(1) 单击工具栏中的 ⬚ 按钮，在绘图区中选择轴承座的实体表面作为草绘平面，其余按照系统默认设定，进入草绘模式。绘制如图 4-117 所示的草图之后，退出草绘界面。

(2) 单击工具栏中的拉伸工具 ⬚ 按钮，单击拉伸操作板中的去除材料按钮，将拉伸深度设定为 104，创建的去除材料拉伸特征如图 4-118 所示。

图 4-117　轴承座草图 2　　　　　　　　　　图 4-118　轴承座特征 2

6. 创建窥视孔特征

(1) 以之前箱盖顶部平整的平面作为绘图平面，单击 ⬚ 绘制如图 4-119 所示的草图。

(2) 单击工具栏中的 ⬚ 按钮，选取大圆并拉伸成 2 mm 的凸台，同时利用拉伸去除材料，打通中心孔和两个小孔，创建如图 4-120 所示的特征。

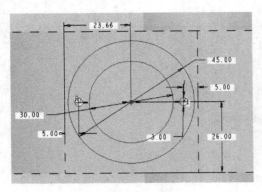

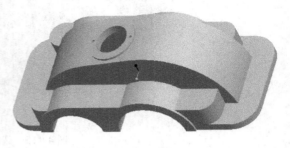

图 4-119　窥视孔草图　　　　　　　图 4-120　窥视孔特征

7．创建肋板特征

(1) 单击工具栏 ▱，以 RIGHT 作为参照面，将偏移距离设为 20，得到基准平面 DTM2，如图 4-121 所示。

(2) 单击草绘工具按钮，以 DTM2 作为绘图平面，绘制如图 4-122 所示的草图。

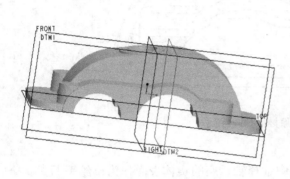

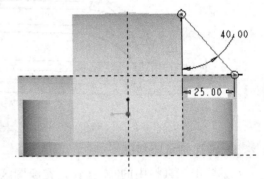

图 4-121　基准平面 DTM2　　　　　　图 4-122　肋板草图截面

(3) 单击工具栏中的肋板按钮 ▱，在绘图区选择上一步的草图截面，将肋板的厚度设定为 6，创建的肋板特征如图 4-123 所示。

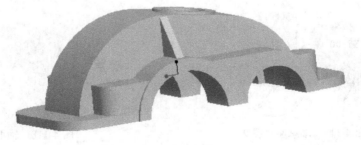

图 4-123　肋板特征 1

8．创建肋板特征

单击工具栏 ▱，以 DTM2 作为参照面，将偏移距离设为 70，得到基准平面 DTM3，如图 4-124 所示。之后建立肋板，如图 4-125 所示。

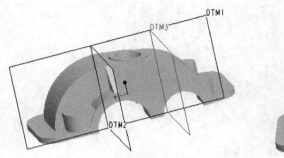

图 4-124　DTM3 平面　　　　　　　　　　图 4-125　肋板特征 2

9．镜像肋板

选择前两步得到的肋板，以 FRONT 面作为镜像平面，得到的镜像结果如图 4-126 所示。

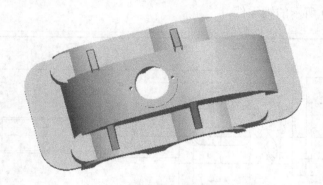

图 4-126　肋板镜像结果

10．创建孔特征

(1) 单击 ╱ 创建基准轴，在绘图区选择需要打孔的柱面，创建如图 4-127 所示的基准轴（A_15～A_18）。

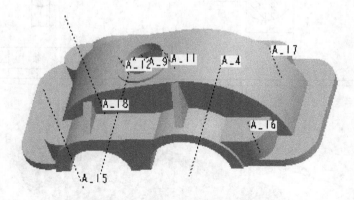

图 4-127　创建基准轴

(2) 以之前创建的基准轴为参照，绘制四个圆，圆心与基准轴重合，直径为 10，如图 4-128 所示。

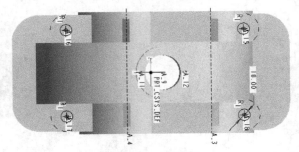

图 4-128　孔草图

(3) 拉伸去除材料，得到孔特征，最终的减速器上箱盖如图 4-104 所示。

4.4.8　螺纹轴

绘制如图 4-129 所示的轴零件。

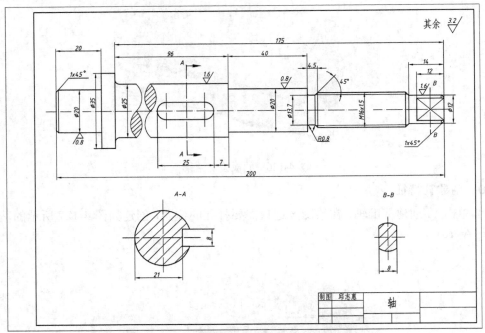

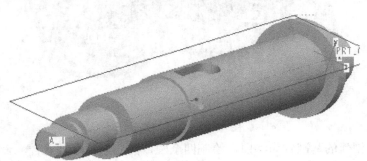

图 4-129　轴

1．新建文件

在文件(File)的下拉菜单中选择新建(New)，在绘制类型选项中选择默认的零件、实体，输入零件名称"Zhou"，单击确定后直接进入绘制零件图的界面。

2．建立特征

选取绘制草绘特征的参照绘图面，单击插入→旋转→选取 FRONT(前面)作为基准面。

3．绘制草图

在草图绘制环境中，使用中心线(Centerline)绘制轴线，使用画线(Line)及标注尺寸(Dimension)、修改尺寸、修剪图形等命令绘制如图 4-130 所示的封闭的回转体的一半断面特征图。

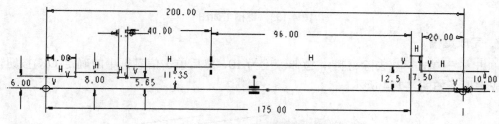

图 4-130　断面特征图

4．完成实体

单击 ✔ →旋转角度为 360(旋转一周)→单击控制面板中的 ✔ ，即可生成回转体模型，如图 4-131 所示。读者也可用拉伸体完成该特征。

图 4-131　轴的实体

5．建立参考面

建立参考面，点击建立参考面图标 ▱ ，在菜单管理器中选取偏移(Offset)。点击 TOP，以顶面作为基准面，在菜单管理器中输入偏移数值 8.5，再单击 ✔ ，然后单击完成，即可生成参考面 DTM1，如图 4-132 所示。

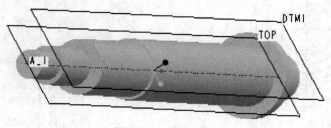

图 4-132　参考面

6. 进入绘制键槽平面

选取绘制草绘特征的参照绘图面和参考面，其步骤如下：

单击插入→拉伸→选取 DTM1 作为草绘平面→用圆及线绘制键槽平面图，并修改尺寸，绘制如图 4-133 所示的草图截面。

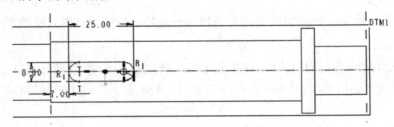

图 4-133　键槽平面图

7. 完成键槽

单击✔→单击▱(去除材料)，拉伸深度为 10，然后单击信息框中的确定(OK)按钮，即可生成键槽，如图 4-134 所示。

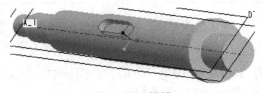

图 4-134　键槽

8. 切平面

以轴顶面作为基准面，切割阀杆顶端两侧的平面，其步骤如下：

单击插入→拉伸，选择轴顶面作为草绘平面，进入草绘界面，如图 4-135 所示。

9. 绘制线 ╲

用左键选取绘制线命令，在绘图区点画出两个矩形，如图 4-136 所示。注意：如欲切除两部分，必须每部分封闭。

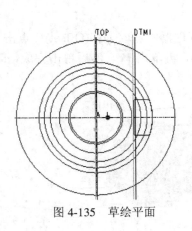

图 4-135　草绘平面

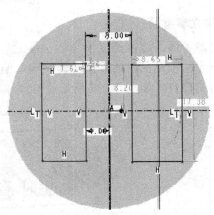

图 4-136　切除断面图

10．完成切平面

单击 ✔ →单击 ◿ (去除材料)，拉伸深度为 12，然后单击信息框中的确定(OK)按钮，即可生成切平面，如图 4-137 所示。

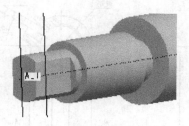

图 4-137　切平面

11．插入修饰螺纹

单击插入→修饰→螺纹，弹出如图 4-138 所示的修饰螺纹对话框，选择螺纹轴段圆柱面作为螺纹曲面，选择螺纹轴段一端的台阶面为起始曲面，如图 4-139 所示，方向选择为沿螺纹轴段方向，螺纹长度选择至曲面，如图 4-140 所示，点击确定按钮，然后选择螺纹轴段另一端的台阶面，在弹出的消息输入窗口中输入螺纹直径 16，完成并返回，点击确定按钮，退出修饰螺纹对话框。

图 4-138　修饰螺纹对话框

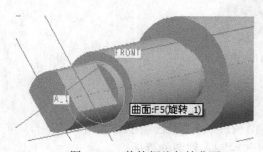

图 4-139　修饰螺纹起始曲面

图 4-140　螺纹长度选项菜单

12．倒角

单击插入→倒角→边倒角，按工程图要求对相应边进行倒角，完成轴的建模工作，如图 4-129 所示。

4.4.9　连杆

绘制如图 4-141 所示的连杆零件。

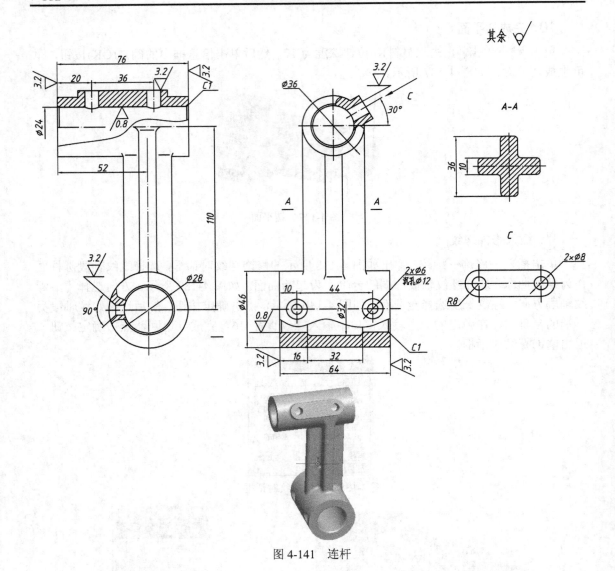

图 4-141　连杆

1. 新建文件

在文件(File)的下拉菜单中选择新建(New)，在绘制类型选项中选择默认的零件、实体，输入零件名称"Liangan"，单击确定后直接进入绘制零件图的界面。

2. 建立特征

选取绘制草绘特征的参照绘图面，其步骤如下：

单击插入→旋转→选取 TOP(前面)作为基准面。

3. 绘制草图

在草图绘制环境中，使用中心线(Centerline)绘制轴线，使用画线(Line)及标注尺寸(Dimension)、修改尺寸、修剪图形等命令绘制如图 4-142 所示的封闭的断面特征图。

4. 完成实体

单击 ✔→旋转角度为 360(旋转一周)→单击控制面板中的 ✔，即可生成回转体模型，如图 4-143 所示。

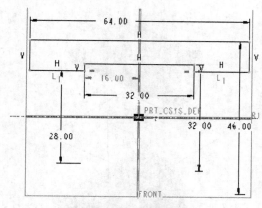

图 4-142　封闭的断面特征图

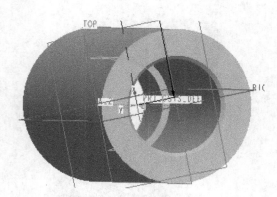

图 4-143　回转体

5. 建立参考面

建立参考面，点击建立参考面图标 ▱，在菜单管理器中选取偏移(Offset)。点击 RIGHT，以该面作为基准面，在菜单管理器中输入偏移数值 110，再单击 ✔，然后单击完成按钮，即可生成参考面 DTM1，如图 4-144 所示。

6. 建立特征

选取绘制草绘特征的参照绘图面，其步骤如下：

单击插入→旋转→选取 DTM1(前面)作为基准面。

7. 绘制草图

在草图绘制环境中使用中心线(Centerline)绘制轴线，使用画线(Line)及标注尺寸(Dimension)、修改尺寸、修剪图形等命令绘制如图 4-145 所示的封闭的断面特征图。

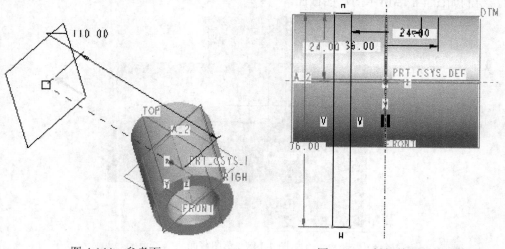

图 4-144　参考面

图 4-145　封闭的断面特征图

8. 完成实体

单击 ✔ →旋转角度为 360(旋转一周)→单击控制面板中的 ✔，即可生成回转体模型，如图 4-146 所示。

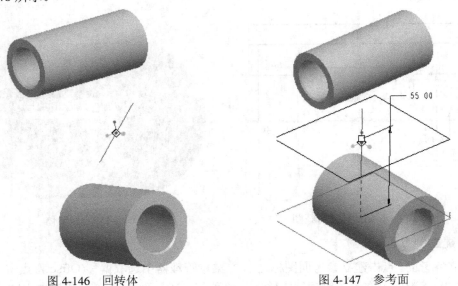

图 4-146   回转体   图 4-147   参考面

9. 建立参考面

点击建立参考面图标 ▱，在菜单管理器中选取偏移(Offset)。点击 RIGHT，以该面作为基准面，在菜单管理器中输入偏移数值 55，再单击 ✔，然后单击完成，即可生成参考面 DTM2，如图 4-147 所示。

10. 进入绘制筋平面

选取绘制草绘特征的参照绘图面及参考面，其步骤如下：

单击插入→拉伸→选取 DTM2 作为草绘平面→用圆及线绘制十字筋平面图，并修改尺寸，绘制如图 4-148 所示的草图截面。

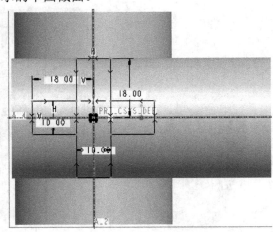

图 4-148   草图截面

11. 完成十字筋板

单击 ✔，在如图 4-149 所示的菜单中单击 ⊥·(拉伸方式按钮)，选择拉伸至选定的点、曲线、平面或曲面，选择两个旋转体圆柱面作为对象，点击确定按钮，完成十字筋板，如图 4-150 所示。

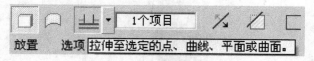

图 4-149　菜单面板

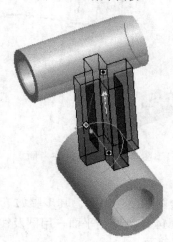

图 4-150　十字筋板

12. 建立参考面

点击建立参考面图标 ⊘，按住 Ctrl 键，同时选择 DTM1 和上旋转体的圆柱面，以该面作为基准面，系统会默认为新建基准面为 DTM1 绕圆柱体旋转轴旋转一定角度而成，在如图 4-151 所示的基准平面对话框中输入旋转数值 120，然后单击确定按钮，即可生成参考面DTM3，如图 4-152 所示。

图 4-151　基准平面对话框

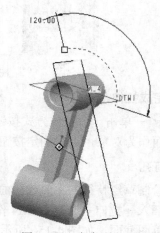

图 4-152　参考面

13. 建立参考面

点击建立参考面图标 ⧉，点击DTM3，以该面作为基准面，在菜单管理器中输入偏移数值22，再单击 ✔，然后单击完成，即可生成参考面DTM4，如图4-153所示。

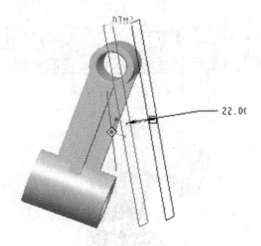

图 4-153　DTM4 参考面

14. 拉伸

选取绘制草绘特征的参照绘图面及参考面，其步骤如下：

单击插入→拉伸→选取 DTM4 作为草绘平面→用圆及线绘制拉伸平面图，并修改尺寸，绘制如图 4-154 所示的凸台草图截面。

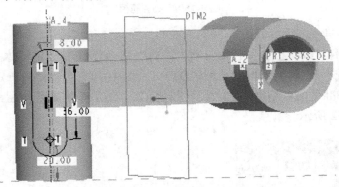

图 4-154　凸台草图截面

15. 完成拉伸凸台

单击 ✔ →单击 ⬚ (拉伸方式按钮)，选择拉伸至选定的点、曲线、平面或曲面，选择旋转体圆柱面作为对象，点击确定按钮，完成拉伸凸台，如图4-155所示。

16. 打孔

选取绘制草绘特征的参照绘图面及参考面，其步骤如下：

单击插入→拉伸→选取 DTM4 作为草绘平面→用圆及线绘制拉伸平面图，并修改尺寸，绘制孔的草图截面，如图 4-156 所示。

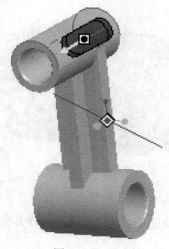

图 4-155　凸台

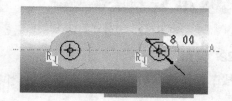

图 4-156　孔的草图截面

17. 完成打孔

单击 ✔ →单击 ◿(去除材料)，拉伸深度为 22，然后单击信息框中的确定(OK)按钮，即可生成两个孔。

18. 建立锥孔特征

选取绘制草绘特征的参照绘图面，其步骤如下：

单击插入→旋转→选取 RIGHT 面作为基准面。

19. 绘制草图

在草图绘制环境中，使用中心线(Centerline)绘制轴线，使用画线(Line)及标注尺寸(Dimension)、修改尺寸、修剪图形等命令绘制如图 4-157 所示的封闭的断面特征图。

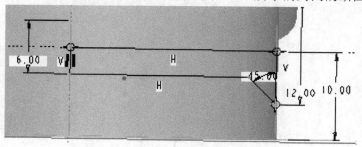

图 4-157　封闭的断面特征图

20. 完成挖孔

单击 ✔ →单击 ◿(去除材料)，旋转角度为 360(旋转一周)→单击控制面板中的 ✔，即可生成回转体模型，如图 4-158 所示。

21. 镜像特征

选择上一步生成的旋转特征，在菜单栏中点击 ◖◗镜像特征，弹出镜像特征对话框，选取 FRONT 面作为镜像平面，点击确定按钮，完成镜像孔，如图 4-159 所示。

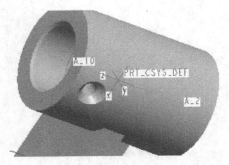

图 4-158　挖锥孔回转体

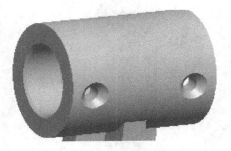

图 4-159　镜像锥孔

22. 倒角

按工程图指示对相应棱边进行倒角、倒圆处理，最终完成模型，如图 4-141 所示。

第 5 章　复杂实体建模

在 Pro/E 中，建模除了包括拉伸(Extrude)、旋转(Revolve)等命令以外，还有扫描(Sweep)、混合(Blend)等命令以及高级的特征创建方式。一些复杂的零件造型只通过基本特征建模是无法完成的，因此 Pro/E 引入了高级特征。常见的高级特征如图 5-1 所示。本章内容主要介绍扫描(Sweep)、混合(Blend)、扫描混合(Swept Blend)、螺旋扫描(Helical Swp)等创建方式。

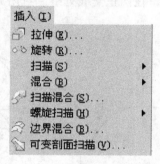

图 5-1　常见的高级特征

5.1　常用的高级复杂特征造型命令简介

本节将简单介绍实体建模过程中常用的高级复杂特征造型命令。

5.1.1　扫描(Sweep)

扫描(Sweep)特征的创建原则是：建立一条扫描轨迹路径(Trajectory)，而草绘截面沿此轨迹路径移动形成结果，在加材料、切减材料与内部减材料三种情况下都可进行。其步骤如下：

(1) 单击插入→扫描→伸出项，将出现如图 5-2 所示的扫描信息框和如图 5-3 所示的菜单管理器。

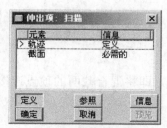

图 5-2　扫描信息框

图 5-3　菜单管理器

首先要求确定扫描轨迹，其方式有以下两种：

● 草绘轨迹：选择绘图面，绘制轨迹形状(即二维曲线)。当扫描轨迹绘制完成后，系统会自动切换视图为与该轨迹路径正交的平面，进行二维截面的绘制。

● 选取轨迹：选择已存在的曲线(Curve)或实体上的边(Edge)作为轨迹路径。该曲线可为空间的三维曲线，系统会询问水平参考面的方向。

另外，扫描轨迹允许发生"交错"的情况，不过仅用于加材料的情况。

扫描轨迹可为开口型(Open)与封闭型(Closed)轨迹。若为平面封闭型的轨迹路径，则系统有两项不同属性供选择：添加内实体面与不添加内实体面。两者的差异体现在草绘剖面的外形形状上。

(2) 在菜单管理器中选取草绘轨迹→平面→选取(Pick)→以 FRONT(前面)作为基准面→正向(Okay)→缺省(Default)→进入草图绘制。选取基准后绘制扫描轨迹，如图 5-4 所示。单击 ✓ ，系统将自动进入绘制界面，在两正交线处绘制封闭截面，如图 5-5 所示(注意不能太大)，单击 ✓ 。

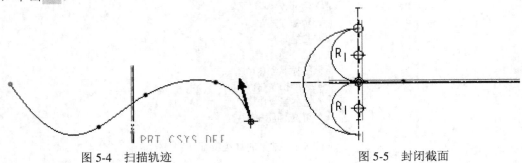

图 5-4　扫描轨迹　　　　　　　　　　图 5-5　封闭截面

(3) 在参数已定的信息框中单击确定(OK)按钮，即可生成扫描的模型，如图 5-6 所示。

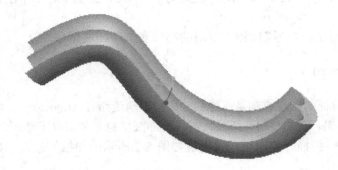

图 5-6　扫描模型

5.1.2　混合(Blend)

混合特征是指利用两个或者多个截面来创建特征，即将混合截面的顶点连接起来形成一个完整的特征。

创建平行混合特征时应注意以下几点：

(1) 所创建的混合特征必须有两个或者两个以上的截面。

(2) 每个截面的起点必须有相同的位置，并且指向相同。

(3) 进行混合的每个截面必须有相同数目的图元。

混合特征有平行混合、旋转混合和一般混合三种不同的生成方式，如图 5-7 所示。

混合特性有两种混合属性，如图 5-8 所示。

(1) 直：混合特征在两个平面之间的各对应点通过直线连接来生成。

(2) 光滑：混合特征在两个平面之间的各对应点通过样条曲线来生成。

图 5-7　混合特征菜单管理器　　　　　　　　　图 5-8　混合特征属性菜单管理器

1. 平行混合(Parallel Blend)

平行混合特征：特征的每一个截面都相互平行。其创建步骤如下：

(1) 单击插入→混合→伸出项，将弹出菜单管理器。

有两种不同的截面方式：

● 规则截面(Regular Sec)：在草绘平面上建立两个或者多个截面。

● 投影截面(Project Sec)：将草绘平面上草绘截面"投影"到实体表面上，产生不同的效果。

(2) 单击平行→规则截面→草绘截面→完成，将弹出属性菜单管理器。

(3) 单击属性(直或光滑)→完成→平面→选取 TOP(顶面)作为基准面→正向→缺省，进入草绘界面。

(4) 在 TOP 平面上绘制第一个截面，同时注意起点位置的箭头方向，如图 5-9 所示。

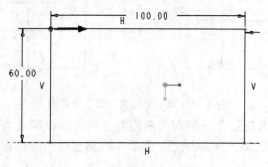

图 5-9　第一个截面

(5) 切换截面，单击草绘(Sketch)→特征工具(Sec Tools)→切换截面(Toggle)，如图5-10所示。

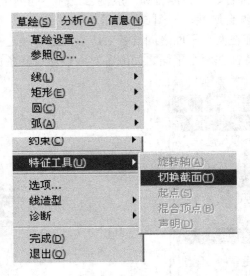

图 5-10　切换截面菜单

(6) 绘制第二个截面，如图 5-11 所示。

(7) 切换截面，单击草绘(Sketch)→特征工具(Sec Tools)→切换截面(Toggle)。

(8) 绘制第三个截面，如图 5-11 所示。

注意：截面的数目根据需要确定，其制作方法一样。每次切换截面时，上一个截面颜色将变暗。

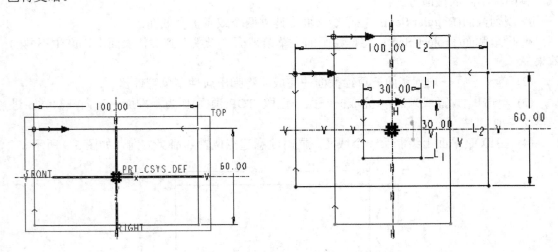

图 5-11　第二个截面和第三个截面

(9) 单击 ✔ →深度选择盲孔→输入前两截面之间的混合深度为 50→单击 ✔ →输入后两截面之间的混合深度为50→再单击 ✔ ，然后单击信息框中的确定(OK)按钮，即可生成立体模型，如图 5-12 所示。

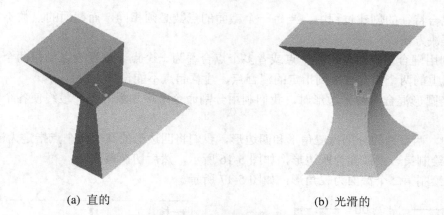

(a) 直的　　　　　　　　　　　　　(b) 光滑的

图 5-12　不同混合属性生成的特征

(10) 在模型上双击特征，显示尺寸参数，如图 5-13 所示，选取要修改的尺寸，更改其数值，然后在菜单管理器中选取再生(Regenerate)，即可修改模型。

(11) 在模型树中选取混合特征→按鼠标右键→选取重定义，再在信息框中选取截面→定义→草绘(Sketch)，将第二个截面旋转 90°后，起点位置如图 5-14 所示，即可生成扭曲的立体模型，如图 5-15 所示。

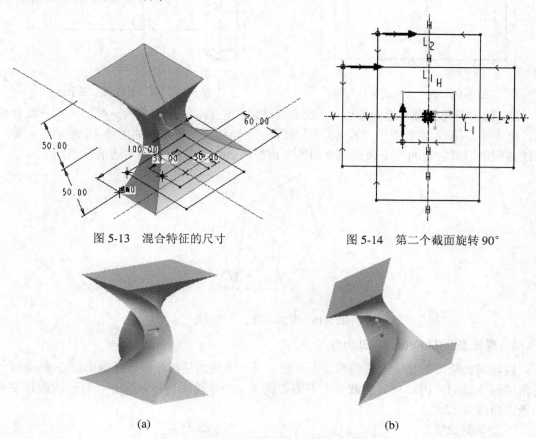

图 5-13　混合特征的尺寸　　　　　　　图 5-14　第二个截面旋转 90°

(a)　　　　　　　　　　　　　　　(b)

图 5-15　不同起点位置混合属性生成的特征

在混合特征的创建过程中，当每一个截面的点数必须相同，而截面的点数不相同时，有两种解决方法：

● 利用混合顶点命令将两个点或者多个点合并为一个点。该混合点当作两个点使用，相邻截面上的两个点会连接到指定的混合点，注意起点不能设置为混合点。

● 当圆形混合其他多边形时，我们利用分割命令来增加新的点，最终使各个截面的点相同。

例如，两个截面分别为三角形和四边形，我们将四边形的其中两个点指定为混合点。

(1) 绘制第一个截面为四边形，如图 5-16 所示，然后切换截面。

(2) 绘制第二个截面为三角形，如图 5-17 所示。

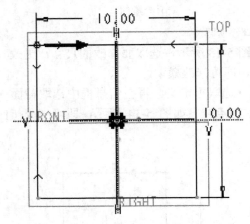

图 5-16　第一个截面为四边形

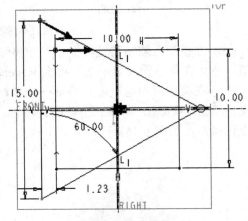

图 5-17　第二个截面为三角形

(3) 选中三角形最右边的顶点，系统会自动以红色显示，单击草绘→截面工具→混合顶点，单击 ✔，输入混合深度 20，即可生成节点不同的立体模型，如图 5-18 所示。可见，系统将四边形最右边的两个顶点混合到了三角形的一个顶点上(即最右边的顶点)。

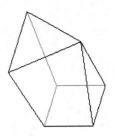

图 5-18　节点不同的立体模型

2. 旋转混合(Rotational Blend)

旋转混合特征的每一个截面相互不平行，下一个截面是相对前一个截面绕 Y 轴旋转一定角度而生成的，因此每一个截面上都需要建立一个草绘坐标系(⅃)，每一次旋转混合的最大角度为 120°。

下面举例说明。

(1) 单击插入→混合→伸出项，将出现混合菜单管理器。

（2）选取旋转的→规则截面→草绘截面→完成。

（3）在如图 5-19 所示的菜单管理器中选取属性→光滑
→完成。

图 5-19　混合属性菜单管理器

（4）单击平面→选取→以 TOP(顶面)作为基准面→正
向→缺省→进入草绘截面。在 TOP 平面上绘制第一个截面
和坐标系，如图 5-20(a)所示，单击 ✔，输入旋转角度 60，
单击 ✔。

（5）在系统弹出的平面上绘制第二个截面和坐标系，
如图 5-20(b)所示。单击 ✔，系统会自动提示是否继续下一
个截面，单击"是"，继续绘制下一个截面，输入旋转角度 60，单击 ✔。

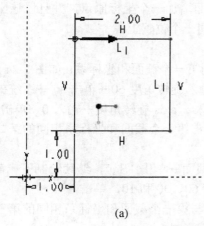

(a)

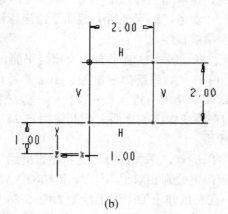

(b)

图 5-20　截面和坐标系

（6）在系统弹出的平面上绘制第三个截面(圆形)和坐标系，如图 5-21 所示。单击 ✔，
系统的状态栏会提示截面点数不相同，如图 5-22 所示。

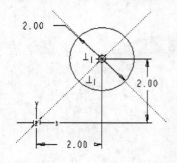

• 单击右键禁用约束，<SHIFT>-右键锁定约束，<TAB>改变激活的约束。
此截面必须有4 entities，当前它有2。

图 5-21　第三个截面和坐标系　　　　图 5-22　提示截面点数不相同

（7）利用分割增加顶点的方法来使两个截面的点数相同：过圆心画两条相互垂直的中心
线，单击 ，在圆与中心线相交的地方分别单击，注意第一个是起点位置，最后单击 ✔，
退出截面绘制模式。系统提示是否继续下一个截面，单击"否"结束，即可生成旋转混合
的立体模型，如图 5-23 所示。

图 5-23   旋转混合的立体模型

3. 一般混合(General Blend)

一般混合特征的每个截面随意指定，下一个截面是由上一个截面相对于 X、Y、Z 轴旋转一定角度而生成的，每一次的旋转角度最大值为 120°。每一个截面都必须建立一个草绘坐标系统，也就是要在绘制每一个截面的时候给截面增加一个坐标原点，并且以该坐标系统作为尺寸参考，以保证所有截面草绘坐标都处于同一个位置上。

下面举例说明。

(1) 选择一般→TOP 平面作为草绘平面，并绘制第一个截面和坐标系，如图 5-24 所示。

(2) 单击 ✔，系统提示输入 x_axis 旋转角度，输入旋转角度 60→单击 ✔→系统提示输入 y_axis 旋转角度→输入 0→单击 ✔→系统提示输入 z_axis 旋转角度→输入 0→单击 ✔。

(3) 在系统弹出的平面上绘制如图 5-24 所示的与第一个截面和坐标系相同的第二个截面和坐标系。

(4) 单击 ✔，系统会自动提示是否继续下一个截面→单击"是"，继续绘制下一截面，在提示窗口中分别相对于 X、Y、Z 轴输入旋转角度 60、30 和 10，单击 ✔。

(5) 在系统弹出的平面上绘制如图 5-24 所示的与第一个截面和坐标系相同的第三个截面坐标系→单击 ✔→在提示中选择"否"，结束截面绘制。

在系统提示下分别输入三个平面两两之间的混合深度为 20、20，单击确定按钮，即可生成一般混合的立体模型，如图 5-25 所示。注意，每个输入的角度不同，则结果也不同。

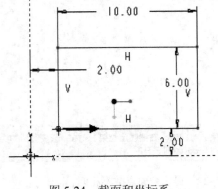

图 5-24   截面和坐标系

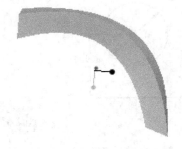

图 5-25   一般混合的立体模型

5.1.3 扫描混合(Swept Blend)

扫描混合特征的创建方式是扫描和混合的综合使用，是将两个或者多个截面，沿着用户自定义的轨迹加材料。与扫描相比，扫描混合的特点是：至少需要两个截面，可以变截面扫描。与混合特征相比，扫描混合的特点是：可沿一轨迹混合截面，故可成型更复杂的特征。

下面举例说明。

(1) 选取插入→扫描混合，系统进入扫描混合的界面，界面左下方出现如图 5-26 所示的控制板。

图 5-26　扫描混合控制板

(2) 选取控制板上的 □ 快捷按钮，将模型设置为实体。

(3) 绘制扫描轨迹。选取工具列表中的草绘按钮 ，在草绘对话框中选取 FRONT 面作为草绘平面，并单击草绘进入草绘界面，绘制如图 5-27 所示的轨迹。

(4) 此时系统进入暂停状态，点击右下角 ▶ 按钮，进入可编辑状态。

(5) 单击控制板上的参照按钮，将出现如图 5-28 所示的面板，单击剖面控制下的垂直于轨迹，选取之前草绘的轨迹。

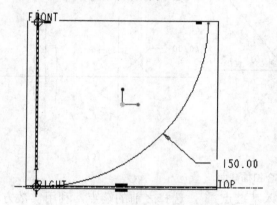

图 5-27　扫描混合的轨迹

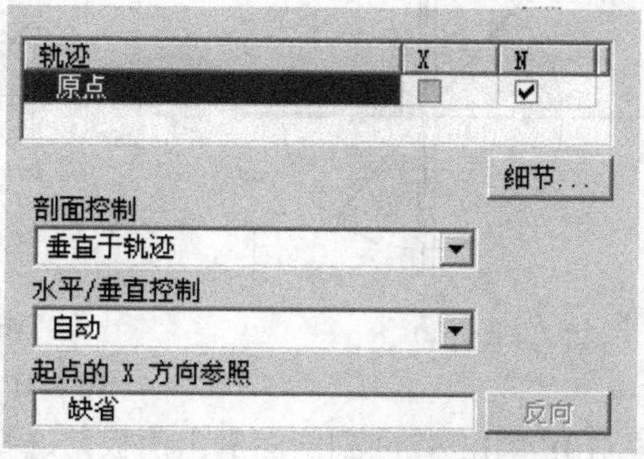

图 5-28　参照按钮滑出面板

在滑出的面板中，剖面控制选项中有如图 5-29 所示的选项，具体意义如下：

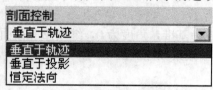

图 5-29　剖面控制选项

● 垂直于轨迹：截面平面在整个实体上均与"原点轨迹"垂直。

● 垂直于投影：沿着投影方向截面平面与"原点轨迹"垂直，此时必须指定参照方向。

● 恒定法向：Z 轴平行于所给的参照向量，此时也必须给定参照方向。

(6) 单击截面，弹出如图 5-30 所示的滑出面板，选择草绘截面。

(7) 单击截面位置下的对象收集器，提示区将出现要求选取点或顶点定位截面，在绘图区选取扫描轨迹与坐标系相交的一端端点。

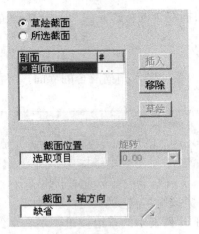

图 5-30　剖面按钮滑出面板

(8) 在旋转标签下输入截面的旋转角度，此处选择 45。单击草绘，进入草绘界面。

(9) 绘制如图 5-31(a)所示的第一个截面。

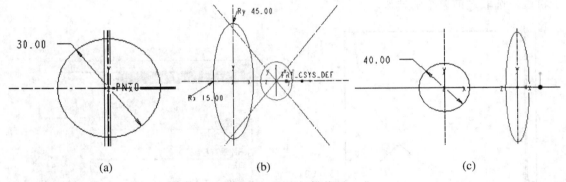

(a)　　　　　　　　　　　(b)　　　　　　　　　　　(c)

图 5-31　混合扫描截面

(10) 单击 ✔ 回到剖面滑出面板，选择插入基准点 ××，选择之前的端点，利用实数方式，输入 100，建立基准点作为第二截面的基准。此时进入暂停状态，需点击 ▶ 再次激活。

(11) 在剖面按钮滑出面板上单击插入，选择 PNT0 为基准点，设置角度为 0，继续第二个截面的绘制，如图 5-31(b)所示。

(12) 选择轨迹另一个端点为基准，角度为 0，继续第三截面的绘制，如图 5-31(c)所示。

(13) 单击 ✔，完成编辑，效果如图 5-32 所示。

图 5-32　扫描混合特征

5.1.4　螺旋扫描(Helical Swp)

螺旋扫描(Helical Swp)主要用于创建由螺旋类特征构成的零件，例如弹簧或螺纹，较扫描混合(Swept Blend)更常用。该特征同样可以在挤出(Protrusion)、切割(Cut)命令中创建，其属性菜单如图5-33所示。它具有多个属性选项：

- 常数：创建常数节距的螺旋特征。
- 可变的：创建变节距的螺旋特征。
- 穿过轴：绕一根轴线来创建特征。
- 轨迹法向：创建的螺旋特征垂直于轨迹线。
- 右手定则：创建右旋螺旋特征。
- 左手定则：创建左旋螺旋特征。

创建螺旋扫描的步骤如下：

(1) 单击插入→螺旋扫描→伸出项，将出现伸出

图 5-33　螺旋扫描属性菜单管理器

项对话框和如图5-33所示的菜单管理器。

(2) 单击选取→常数→穿过轴→右手定则→完成。

(3) 选取设置平面→平面→选取→以 FRONT(前面)作为基准面→正向→缺省→进入草图绘制环境，选水平线与垂直线作为绘制草图的基准→用画线和中心线命令，绘制创建弹簧的位置线和所需的轴线，如图5-34所示→单击 ✓。

(4) 在消息栏中输入10作为节距值，点击 ✓ 按钮，确认节距的输入。

(5) 进入绘制截面，在两正交线处绘制一个封闭截面，例如绘制一个如图 5-35 所示的半径为5的圆→单击 ✓ 结束。

(6) 在伸出项对话框中点击确定按钮，生成弹簧特征，如图5-36所示。

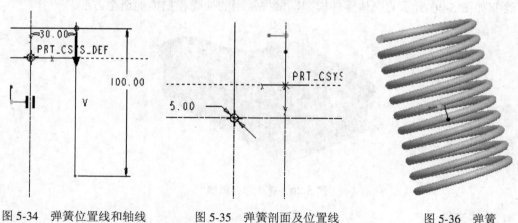

图 5-34　弹簧位置线和轴线　　　　图 5-35　弹簧剖面及位置线　　　　图 5-36　弹簧

5.1.5　抽壳命令(Shell)

抽壳就是将一个立体去掉某一个或几个面，抽成薄壳体，类似于注塑或铸造壳体。

已有立体特征如图5-37所示。抽壳的步骤如下：

单击插入→壳(或单击 回)，将出现如图 5-38 所示的操作板。选取不同的面，抽壳效果不同，如图 5-39 所示。

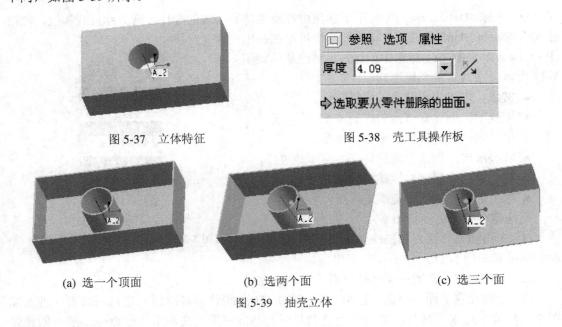

图 5-37　立体特征   图 5-38　壳工具操作板

  (a) 选一个顶面   (b) 选两个面   (c) 选三个面

图 5-39　抽壳立体

5.2　零件造型实例

5.2.1　壳体

绘制如图 5-40 所示的壳体零件模型，掌握常用的抽壳和扫描的造型方法。

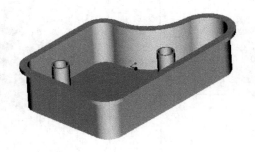

图 5-40　壳体零件模型

1. 新建文件

单击新建→零件→实体→输入零件名称"Keti"→确定，进入绘制零件图的界面。

2. 参照

单击插入→拉伸(或单击 ⮂)→控制板选择放置→定义→选取 TOP(顶面)作为基准面→在对话框中选取草绘→进入草绘界面。

3. 插入截面

在如图 5-41 所示的草绘下拉菜单中，单击数据来自文件→文件系统，选取第 2 章中已绘制的平面图(如图 5-42 所示)，如没有则绘制该平面图，并加绘两半径为 20 的圆，如图 5-43 所示。

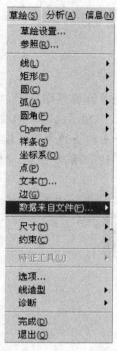

图 5-41　草绘下拉菜单

图 5-42　插入截面图　　　　　图 5-43　加绘两圆平面图

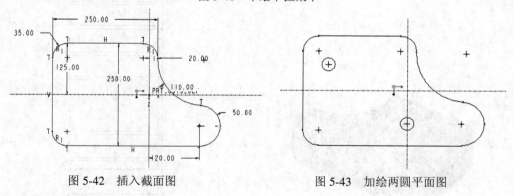

4. 完成主体

单击 ✔，在消息框中输入拉伸的板厚 100，再单击 ✔，即可生成模型的主体，如图 5-44 所示。

5. 抽壳

单击插入→壳工具(或单击 ▣)→选取欲去掉的上面→在提示框中输入壳体壁厚 4→单击 ✔，即完成壳体主体，如图 5-45 所示。

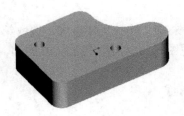

图 5-44　模型的主体

图 5-45　壳体主体

6. 扫描

单击插入→扫描→伸出项→在菜单管理器中选择"选取"→选取壳体上部的外周边→完成，显示扫描方向，如图 5-46 所示，显示选取菜单管理器，如图 5-47 所示→点击接受，显示增加材料方向，如图 5-48 所示→正向→进入草图绘制，选取基准后绘制扫描封闭截面，如图 5-49 所示→单击 ✔ ，在信息框中点击确定按钮，即完成有扫描边缘的壳体，如图 5-40 所示。

图 5-46　扫描方向

图 5-47　选取菜单管理器

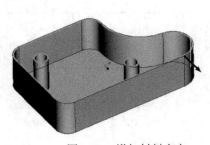

图 5-48　增加材料方向

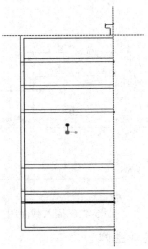

图 5-49　扫描封闭截面

7. 切减材料

将壳体部分切除，以观看截面。

单击插入→拉伸→操作板 ⧄ ，使其切除材料→放置→定义→选择 TOP(顶面)作为基准面→在绘图区绘制一矩形，单击 ✔ →选择贯穿模式→单击信息框中的 ✔ ，即可生成去除前部的模型主体，如图 5-50 所示。

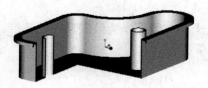

图 5-50 扫描边缘的壳体

说明： 以下各例，对用户已经熟练的步骤，只简略提示，不再详细赘述。

5.2.2 恒定节距锥弹簧

绘制如图 5-51 所示的锥弹簧，帮助用户进一步掌握螺旋扫描命令的使用。

1. 新建文件

在新建对话框中输入文件名"Tanhuang"，点击确定按钮。

2. 进入扫描、混合的高级选项菜单

单击插入→螺旋扫描→伸出项→常数→穿过轴→右手定则→完成。

3. 绘制弹簧位置线和绘制所需的轴线

选择 FRONT 参考面，进入位置线和中心轴的绘制环境，选水平线与垂直线作为绘制草图的基准。用画线命令绘制创建弹簧所需的位置线和轴线，如图 5-52 所示。

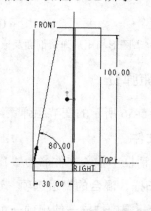

图 5-51 弹簧   图 5-52 弹簧的位置线和轴线

4. 输入节距

在如图 5-53 所示的消息输入窗口中输入 12 作为节距值，点击 ✓ 按钮，确认节距的输入。

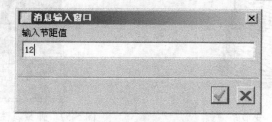

图 5-53 输入弹簧节距消息栏

5. 绘制弹簧剖面

进入剖面绘制环境，以十字交线处作为绘制草图的基准。绘制创建弹簧的剖面圆，直径为 5，如图 5-54(a)所示，单击 ✔。

6. 生成弹簧

在螺旋扫描信息对话框中点击确定按钮，生成弹簧特征，如图 5-51 所示。

7. 修改弹簧

在模型树中选取特征→按鼠标右键→选取编辑定义，再在信息框中选取截面→定义→草绘，将圆截面删除，绘制矩形长为 6，宽为 3，如图 5-54(b)示，单击 ✔，在信息对话框中点击确定按钮，即可生成矩形弹簧模型，如图 5-55 所示。

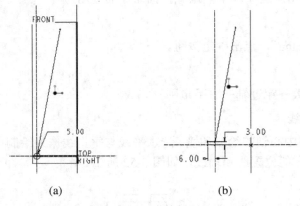 

(a)　　　　　　　　(b)

图 5-54　圆形和矩形弹簧剖面及位置线　　　　图 5-55　矩形剖面弹簧

5.2.3　变节距弹簧

绘制如图 5-56 所示的变节距弹簧，帮助用户进一步掌握弹簧的创建方法。

1. 新建文件

在新建对话框中输入文件名为"TanhuangA"，点击确定(OK)按钮。

2. 进入扫描、混合的高级选项，选择螺旋属性菜单

单击插入→螺旋扫描→伸出项→可变的→穿过轴→右手定则→完成，如图 5-57 所示。

图 5-56　变节距弹簧　　　　图 5-57　弹簧属性菜单管理器

3. 绘制位置线和所需的轴线

选择 FRONT 参考面进入位置线和中心轴的绘制环境，选水平线与垂直线作为绘制草图的基准。用画线和中心线命令，绘制弹簧的位置线和所需的轴线。

4. 绘制可变节距弹簧的节距变化控制点

在草图绘制环境中点击绘制点的图标 ✕，在已绘制的弹簧位置线上绘制四个点和两个端点作为弹簧节距控制点，其位置如图 5-58 所示。

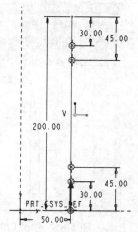

图 5-58　绘制节距控制点

5. 输入节距

输入起始处的螺旋节距值 8→点击 ✔→输入结束处的螺旋节距值 20→点击 ✔，出现如图 5-59 所示的节距控制图形窗口和如图 5-60 所示的节距控制菜单管理器。

图 5-59　节距控制图形窗口

图 5-60　节距控制菜单管理器

说明：此时输入表示有两种节距：起点 8 和终点 20。

6. 修改节距

单击定义→添加点→选择草图中的第二点→输入 8→点击 ✔→选择第三点→输入 20→点击 ✔→选择第四点→输入 20→点击 ✔→选择第五点→输入 8→点击 ✔→选择改变值→选择第六点→输入 8→点击 ✔→完成/返回→完成。

说明：此时表示第一点与第二点之间的节距为 8，第二点与第三点之间的节距由 8 变为 20，第三点与第四点之间的节距为 20，第四点与第五点之间的节距由 20 变为 8，第五点与第六点之间的节距为 8。

在输入节距控制点数值时，会出现节距控制图形窗口，其中的节距曲线随修改值而变，如图 5-61 所示。可以利用这个窗口来观察节距变化的趋势，以进一步控制节距的变化。

7. 绘制弹簧断面

选取 TOP(顶面)基准面及 FRONT(前面)基准面作为草图绘制的尺寸基准，进入剖面绘制环境。以如图 5-62 所示的十字交线处作为绘制草图的基准，绘制弹簧的剖面圆，直径为 8，点击 ✔。

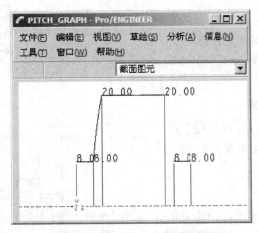

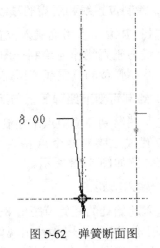

图 5-61　修改后的节距控制图形窗口　　　　图 5-62　弹簧断面图

8. 生成弹簧特征

在螺旋扫描信息窗口中点击确定按钮，生成弹簧特征，如图 5-63 所示。

9. 切割

单击插入→拉伸→双边，选取切除材料→选取 FRONT(前面)作为基准面→草绘→选取绘制矩形命令，在绘图区画两个矩形图，如图 5-64 所示。

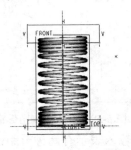

图 5-63　弹簧　　　　　　　　图 5-64　两个矩形图

10. 完成主体

单击 ✔ →正向(Okay)→选择两侧穿透切除→单击信息框中的 ✔，即可生成上下切平的弹簧，如图 5-56 所示。一般压簧的两端各有两圈半密绕，并且两端被磨平。

5.2.4　螺纹零件

绘制如图 5-65 所示的螺钉，以帮助用户掌握对螺旋扫描(Helical Swp)命令的使用。

图 5-65　螺钉

1. 新建文件

在新建对话框中输入文件名为"luoding"，点击确定按钮。

2. 创建回转体

单击插入→旋转，开始建模。

3. 绘制草图

选择 FRONT(前面)基准面作为草图绘制平面→进入草图绘制环境。绘制的草图如图 5-66 所示，完成后退出草图绘制环境。

4. 生成回转体

选取回转体旋转的角度为 360→单击 ✔，生成的旋转体如图 5-67 所示。

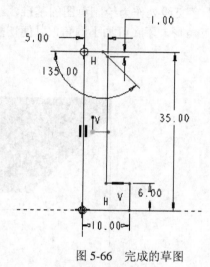

图 5-66　完成的草图

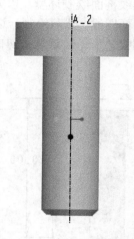

图 5-67　生成的回转体

5. 切槽

选择拉伸，设为去除材料模式(⬧)，以 FRONT 面为绘图面，绘制 1.5×2 槽形，如图 5-68 所示。

6. 完成主体

单击 ✔→双向切除→输入足够数值使槽完全形成→单击信息框中的 ✔，即可生成螺钉起子槽，如图 5-69 所示。

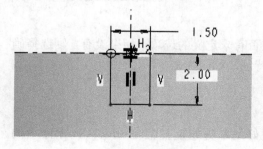

图 5-68　1.5×2 槽形

图 5-69　起子槽

7. 进入扫描、混合的高级选项菜单

单击插入→螺旋扫描→切口→默认常数(恒定螺距)→穿过轴→右手定则→完成。

8. 绘制螺纹剖面线和所需的轴线

选择 FRONT 参考面，进入轨迹线和中心轴的绘制环境，选择圆柱侧边与上面作为绘制草图的基准，绘制创建螺纹的位置线和所需的轴线，注意位置的起点略高于上面，以便切除倒角部分，如图 5-70 所示，退出草图绘制环境。

9. 输入节距及创建螺纹截面

在消息栏中输入 1 作为螺纹的螺距值，点击 ✔ 按钮，确认螺距的输入。

10. 绘制螺纹剖面

进入螺纹剖面绘制环境，以如图 5-71 所示的十字交线处作为绘制草图的基准，绘制创建螺纹的剖面图线。然后绘制一边长为 0.7 的等边三角形，牙底可加小圆角，以便切割出三角形普通螺纹牙形。注意定义切口的方向。

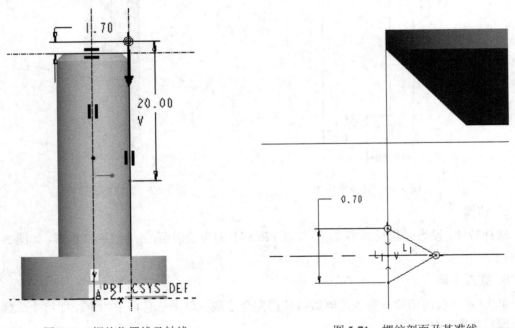

图 5-70   螺纹位置线及轴线   图 5-71   螺纹剖面及基准线

11. 生成螺纹特征

在螺旋扫描(Helical Swp)信息对话框中检查是否有未定义的选项，如果没有，则选择确定(OK)按钮，退出螺旋扫描特征命令，生成螺纹特征，如图 5-65 所示。

5.2.5 压盖螺母

绘制如图 5-72 所示的螺母，以帮助用户更好地掌握螺旋扫描(Helical Swp)命令的使用。

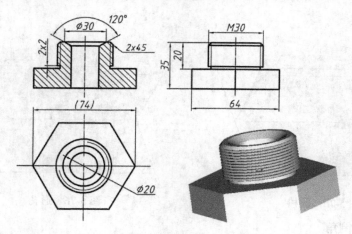

图 5-72　压盖螺母

1. 新建文件

在新建对话框中输入文件名"luomu"，点击确定按钮。

2. 绘制六棱柱

单击插入→拉伸→选择以 TOP(上面)作为草图绘制平面，绘制的草图如图 5-73 所示。单击 ✔，在消息框中输入挤出的板厚 15，点击确定按钮，即可生成立体模型，如图 5-74 所示。

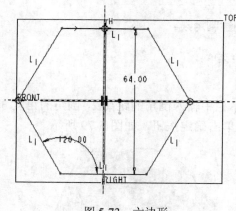

图 5-73　六边形

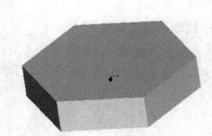

图 5-74　六棱柱

3. 绘制圆柱

单击插入→拉伸→放置→定义→以六棱柱上面作为绘制草图的基准，画直径为 30 的圆 →单击 ✔→在消息框中输入挤出的板厚 20→点击确定按钮，即可生成立体模型，如图 5-75 所示。

4. 钻孔

以上面为草绘的参照绘图面，钻孔，其选取步骤如下：

单击插入→钻孔，在钻孔类型对话框中给定钻孔直径为 20，深度为"贯穿"，以 TOP(顶面)作为钻孔面→选取同轴孔位置，单击 ✔ 结束。绘制的钻孔如图 5-76 所示。

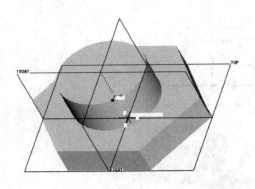 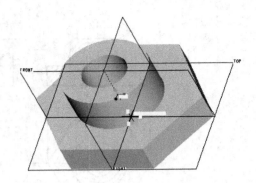

图 5-75　圆柱   图 5-76　通孔

5. 绘制等边倒角

单击插入→倒角→边倒角,在如图 5-77 所示的操作板中选 45×D(45×距离),在提示栏中输入倒角的距离 2,用鼠标选取需要倒角的圆柱外边,在信息对话框中,单击确定按钮,如图 5-78 所示。

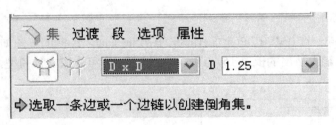

图 5-77　角度菜单

6. 绘制不等边倒角

单击插入→倒角→边倒角→角度×D。在提示栏中输入倒角的距离 2,倒角的角度 30°,用鼠标选取需要倒角的内孔边,在信息对话框中单击确定按钮,如图 5-79 所示。

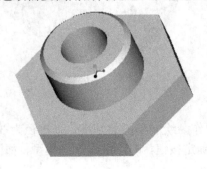 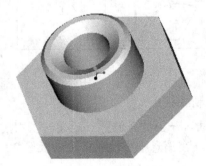

图 5-78　圆柱等边倒角   图 5-79　圆孔不等边倒角

7. 切退刀槽

单击插入→旋转→选择 FRONT 作为绘图平面→草绘。

选取轴线和圆柱轮廓线及六棱柱上面为绘图基准线,绘制中心线和槽截面(边长为 2 的正方形),如图 5-80 所示,选择 360°,切除材料,完成退刀槽特征,如图 5-81 所示。

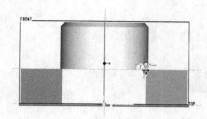

图 5-80 圆柱切退刀槽平面图

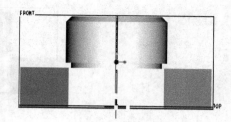

图 5-81 圆柱切退刀槽

8. 进入扫描、混合的高级选项菜单

单击插入→螺旋扫描→切口→默认常数(恒定螺距)→穿过轴→右手定则→完成。

9. 绘制螺纹剖面和螺纹绘制所需的轴线

选择 FRONT 参考面,进入轨迹线和中心轴的绘制环境,首先选择圆柱侧边与上面作为绘制草图的基准。绘制创建螺纹的位置线和所需的轴线,如图 5-82 所示。

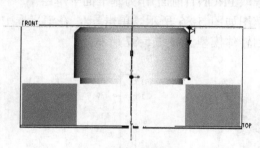

图 5-82 螺纹位置线和轴线

10. 输入节距并创建螺纹截面

在消息栏中输入 1.5 作为螺纹的螺距值,点击 ✔ 按钮,确认螺距的输入。

11. 绘制螺纹剖面

进入螺纹剖面绘制环境,以如图 5-83 所示的十字交线处作为绘制草图的基准,绘制螺纹的剖面图线。再绘制一等边三角形,以便切割出三角形普通螺纹牙形。

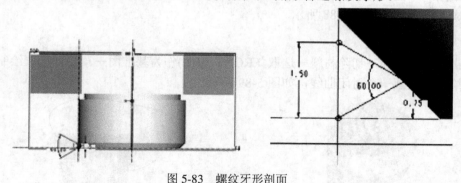

图 5-83 螺纹牙形剖面

12. 生成螺纹特征

在螺旋扫描信息对话框中选择确定(OK)按钮,生成螺纹特征,如图 5-84 所示。

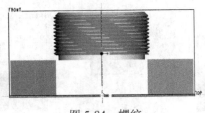

图 5-84　螺纹

5.2.6　托杯

绘制如图 5-85 所示的托杯，使用户更好地掌握扫描建模方法。

1. 新建文件

在新建对话框中输入文件名"Tuobei"，点击确定按钮。

2. 绘制锥台

单击插入→旋转→选取 FRONT(前面)作为基准面→草绘。

绘制平面，绘制的草图如图 5-86 所示。单击 ✔，在消息框中输入挤出的板厚 15，点击确定按钮，即可生成回转体模型，如图 5-87 所示。

        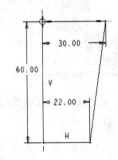

图 5-85　托杯　　　　　　图 5-86　托杯的截面图　　　　图 5-87　托杯回转体

3. 抽壳

单击插入→壳→选取回转体上面→完成。在消息框中输入挤出的壁厚 2，再单击 ✔，即可生成壳体模型，如图 5-88 所示。

4. 切割

单击插入→拉伸→切除材料→选取 FRONT(前面)作为基准面→草绘。选取绘制曲线命令，在绘图区点画一个封闭曲线，如图 5-89 所示。

                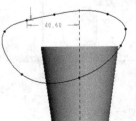

图 5-88　壳体　　　　　　　　　图 5-89　绘制切割曲线

5. 完成主体

单击 ✓→正向(Okay)→双向拉伸切除→单击信息框中的确定按钮，即可生成将上部切除的杯体，如图 5-90 所示。

6. 扫描制作杯缘

单击插入→扫描→伸出项→选取轨迹→依次→按住 Ctrl 键，选取如图 5-90 所示的上边缘作为扫描轨迹，如图 5-91 所示→接受→正向。选取绘制圆命令，在绘图区画出直径为 3 的圆形截面图，如图 5-92 所示。

图 5-90 切割后的杯体

图 5-91 扫描轨迹

7. 完成主体

单击 ✓，单击信息框中的确定按钮，即可生成上部切除的杯体的边缘，如图 5-93 所示。

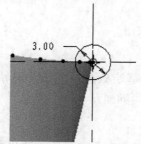

图 5-92 截面基准及图的形成

图 5-93 扫描边缘

8. 扫描制作杯把

单击插入→扫描→伸出项→草绘轨迹→选取 FRONT、右面作为基准→选取杯子侧边作为基准线→选取绘制曲线命令，在绘图区画出杯把轨迹，如图 5-94 所示。

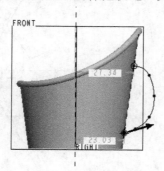

图 5-94 杯把轨迹

9. 完成把手

单击 ✔，在如图 5-95 所示的属性菜单中选取合并端，把手会自动和杯体拟合在一起，在绘图区画出杯把椭圆截面，如图 5-96 所示。单击 ✔，单击信息框中的确定，即可生成杯把，完成托杯，如图 5-85 所示。

图 5-95　接头属性菜单

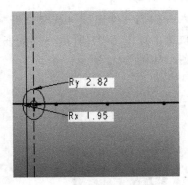

图 5-96　杯把椭圆截面

5.2.7　铣刀

利用平行混合特征，创建铣刀特征，如图 5-97 所示。

1. 新建文件

在新建对话框中输入文件名"mill"，点击确定按钮。

2. 创建混合特征

单击插入→混合→伸出项→平行→规则截面→草绘截面→完成→光滑→完成→选取 TOP(顶面)作为基准面→正向→确定→缺省，进入草绘界面。

3. 插入截面

单击草绘(Sketch)下拉菜单→数据来自文件，选取第 2 章中已绘制的平面图，如图 5-98 所示。如没有，则先绘制该平面图并存盘。

图 5-97　铣刀特征

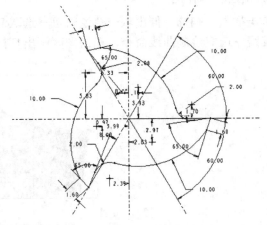

图 5-98　平面图

4．比例与角度

将图形用鼠标拖至基准，在如图 5-99 所示的菜单管理器中输入缩放 1 与旋转 0，作为第一个截面，注意起点位置箭头方向，如图 5-100 所示。

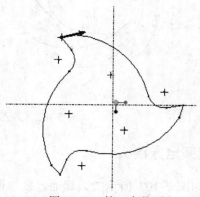

图 5-99　移动和调整大小菜单管理器　　　　　图 5-100　第一个截面

5．切换截面

单击草绘(Sketch)下拉菜单→特征工具(Sec Tools)→切换截面(Toggle)。

6．插入截面

单击草绘(Sketch)下拉菜单→数据来自文件，选取上一步的同一截面，在如图 5-99 所示的菜单管理器中输入缩放 1 与旋转 45，作为第二个截面，注意起点位置箭头方向，如图 5-101 所示。

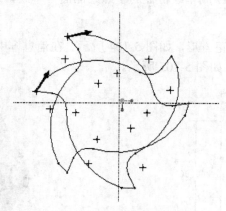

图 5-101　第二个截面

连续重复 5、6 两步，切换截面和插入截面，分别输入角度 90、135，绘制第三个截面、第四个截面，如图 5-102 所示。注意：每次切换截面时，上一个截面的颜色变暗。

7．生成立体模型

单击 ✔ →输入两截面之间的混合深度 10→单击 ✔ ，重复 3 次，然后单击信息框中的确定，即可生成立体模型，如图 5-97 所示。

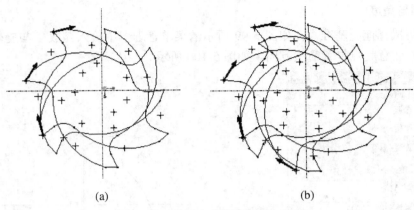

(a)　　　　　　　　　　　　(b)

图 5-102　第三个截面和第四个截面

5.2.8　天圆地方接头

绘制如图 5-103 所示的天圆地方接头模型，目的是掌握常用的复制(Copy)、镜像(Mirror)、阵列(Patter)、圆角(Round)、扫描(Sweep)的造型方法。

1. 新建文件

在新建对话框中输入零件名称"yufang"，单击确定按钮后直接进入绘制零件图的界面。

2. 参照

图 5-103　天圆地方接头模型

选取 TOP，以顶面作为绘制草绘特征的参照绘图面→草绘，进入草图绘制的界面。

3. 绘制正方体

在草图绘制环境中绘制正方形，如图 5-104 所示。在消息框中输入拉伸的板厚 150，再单击 ✔，即可生成正方体，如图 5-105 所示。

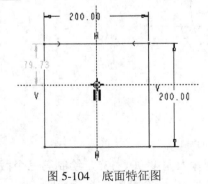

图 5-104　底面特征图　　　　　　　　　图 5-105　模型的主体

4. 生成挖切模型

以前面作为基准面，在绘图区点画出一条直线，如图 5-106 所示→单击 FLIP(反向) 箭头方向，如图 5-107 所示→正向→贯通切除→确定，即可通过挖切生成模型，如图 5-108 所示。

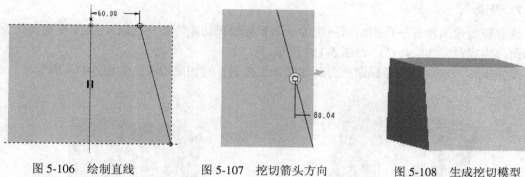

图 5-106　绘制直线　　　　　　　图 5-107　挖切箭头方向　　　　　　图 5-108　生成挖切模型

5. 建立参考轴

点击建立参考轴图标 ╱ →在菜单管理器中选取 FRONT(前面)和 RIGHT(右面)，创建如图 5-109 所示的基准轴 A_1。

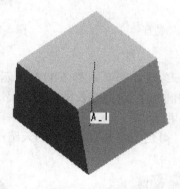

图 5-109　基准轴

6. 复制切除特征

选择第 4 步的切除特征，单击复制 ⬚，选取选择性粘贴 ⬚，将出现如图 5-110 所示的对话框→选取对副本应用移动/旋转变换→确定→选取 ↻，以 A_1 轴作为旋转轴→在提示区输入旋转角度 90→单击 ✔ →复制切除特征，如图 5-111 所示。

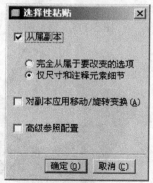

图 5-110　选择性粘贴对话框　　　　　　　图 5-111　旋转并复制切除特征

7. 镜像

选取要镜像的特征→点击编辑→镜像→用鼠标选择切除特征→选取 RIGHT 坐标面作为对称面，生成对称切除特征，如图 5-112 所示。

重复操作，选取前面坐标面作为对称面，生成另一对切除特征，如图 5-113 所示。

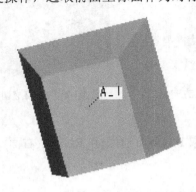

图 5-112　左右镜像切除特征

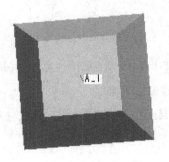

图 5-113　前后镜像切除特征

8. 绘制可变圆角

单击插入→倒圆角→选择一条边，选取如图 5-114 所示的斜边，输入上部分圆角半径 60，显示如图 5-115 所示，右击圆角半径(需要长按)，选择添加半径，在底部输入半径为 0，即可得到可变圆角，如图 5-116 所示。

对其余三边也做相同操作，得到如图 5-117 所示的天圆地方模型。

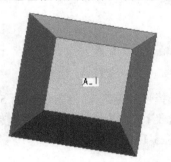

图 5-114　要倒圆角的边

图 5-115　预览圆角

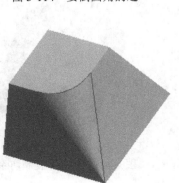

图 5-116　可变圆角

图 5-117　天圆地方模型

9. 改变模型色

为图示清楚，可改变模型色。在快捷工具栏中点击 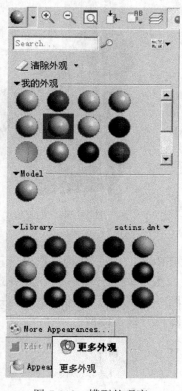(模型外观库)的扩展按钮→More Appearances(更多外观)，如图 5-118 所示，弹出如图 5-119 所示的对话框→点击属性栏中的颜色→选取不同的颜色→单击确定按钮，然后选取所要改变颜色的曲面或面组(按住 Ctrl 键连续选择)→单击鼠标中键，完成设置，即可改变曲面颜色，如图 5-120 所示。

图 5-118　模型外观库　　　　　　　　　图 5-119　模型外观编辑器

10. 抽壳

单击插入→抽壳→选取欲去掉的上面和下面(按住 Ctrl 键连续选择)→在提示框中输入壳体壁厚 3，在信息框中点击确定，即完成壳体主体，如图 5-121 所示。

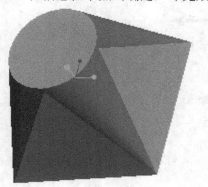

图 5-120　改变曲面颜色的零件

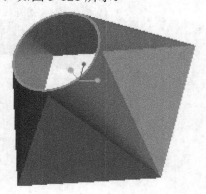

图 5-121　抽壳的零件

11．生成圆柱

选取上顶面为基准面→在草绘界面中点击 ▢，绘制两同心圆，如图 5-122 所示，单击 ✔ →高度，在数字框中输入高度 80→单击 ✔ →在信息框中点击确定，生成圆管，如图 5-123 所示。

重复拉伸命令，在草绘界面中绘制两正方形，拉伸生成方管，高度为 80，如图 5-124 所示。

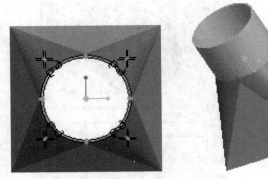 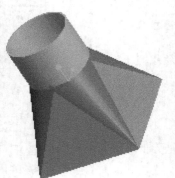 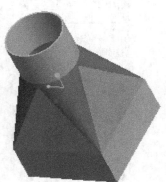

图 5-122　绘制两同心圆　　　　图 5-123　生成圆管　　　　图 5-124　生成方管

12．扫描

单击插入→扫描→伸出项→草绘轨迹→选择绘图面 **FRONT**(前面)作为基准面→正向→缺省→进入草图绘制，选取基准后绘制扫描轨迹圆弧，如图 5-125 所示→单击 ✔ →选择自由端，系统自动进入绘制界面→点击 ▢，抓取两同心圆→单击 ✔。在信息框中点击确定按钮，即可生成扫描的圆管，完成如图 5-103 所示的天圆地方接头模型。

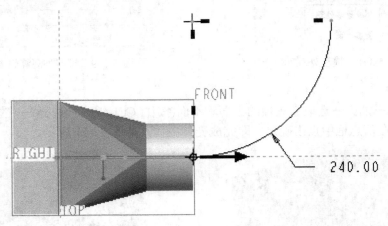

图 5-125　绘制扫描轨迹圆弧

第 6 章 曲 面 建 模

　　曲面建模是用曲面构成物体形状的建模方法。曲面建模增加了有关边和表面的信息，可以进行面与面之间的相交、合并等操作。与实体建模相比，曲面建模具有控制更加灵活的优点，曲面建模的有些功能是实体建模不具备的。另外，曲面建模在逆向工程中发挥着巨大的作用。

　　曲面特征的建立方式与实体特征的建立方式基本相同，不过它具有更弹性化的设计方式，如由点、线来建立曲面。 本章主要介绍简单曲面特征的建立方式，对于通过点、曲线来建立的高级曲面特征，我们可通过实例介绍其建模步骤。

6.1　曲面造型简介

　　曲面特征主要用来创建复杂零件。曲面被称为面，就是说它没有厚度。在 Pro/E 中，曲面造型是指首先采用各种方法建立曲面，然后对曲面进行修剪、切削等工作，之后将多个单独的曲面进行合并，得到一个整体的曲面，最后对合并的曲面进行实体化，也就是将曲面加厚使之变为实体。

6.2　曲面基础特征常用的造型方法简介

　　本节将简单介绍曲面建模过程中常用的命令。

6.2.1　拉伸(Extrude)

　　拉伸(Extrude)曲面是指一条直线或者曲线沿着垂直于绘图平面的一个或者两个方向拉伸所生成的曲面。其具体建立步骤如下：

　　(1) 选择特征生成方式为拉伸，单击 ▢，将拉伸方式确定为曲面。

　　(2) 选择 FRONT 面作为草绘平面，按照系统默认的参照，单击草绘。系统自动进入草图绘制，绘制的曲线如图 6-1 所示。

　　(3) 单击 ✓→距离定义方式选择为盲孔，在信息区输入生长深度 20，单击 ✓→确定，创建的曲面如图 6-2 所示。

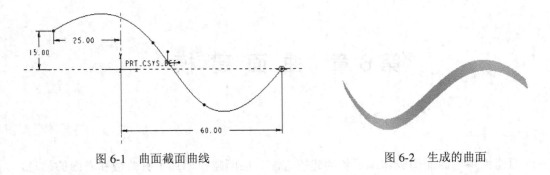

图 6-1　曲面截面曲线　　　　　　　　　图 6-2　生成的曲面

6.2.2　旋转(Revolve)

旋转(Revolve)曲面是由一条直线或者曲线绕一条中心轴线旋转一定角度(0°～360°)而生成的曲面特征。

(1) 选择特征生成方式为旋转，单击 ▱，将拉伸方式确定为曲面。

(2) 在位置选项卡中定义绘图平面为 **FRONT** 面，按照系统默认的参照，单击草绘，进入草绘界面，绘制如图 6-3 所示的草图与旋转中心轴线。

(3) 单击 ✔ →选择旋转角度为 270→确定，创建的曲面如图 6-4 所示。

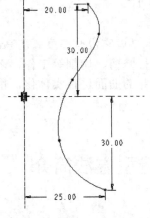

图 6-3　绘制曲线和旋转中心轴线

图 6-4　旋转曲面

6.2.3　扫描(Sweep)

扫描(Sweep)曲面是指由一条直线或者曲线沿着一条直线或曲线扫描路径扫描后所生成的曲面。和实体特征扫描一样，扫描曲面的方式比较多，扫描过程也比较复杂。其具体的建立步骤如下：

(1) 单击插入→扫描→曲面，将出现如图 6-5 所示的对话框。

(2) 在如图 6-6 所示的扫描轨迹菜单管理器中选择草绘轨迹→选择 **FRONT**(前视图)作为草绘平面，使用系统默认的参考方向→正向→缺省，系统将自动进入草图绘制模式，绘制如图 6-7 所示的曲线。

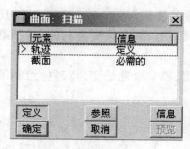

图 6-5　扫描对话框

图 6-6　扫描轨迹菜单管理器

(3) 单击 ✔ →在属性菜单管理器中选择开放端→完成，系统将自动进入截面绘制方式，绘制如图 6-8 所示的截面。注意：图 6-8 中两条虚线相交的地方是轨迹线的起点，截面封闭与否均可。

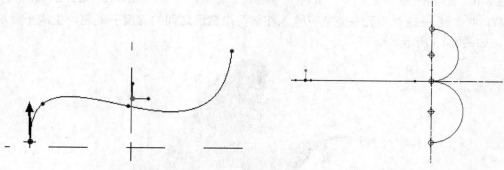

图 6-7　扫描的曲线轨迹

图 6-8　截面曲线

(4) 单击确定按钮，生成扫描曲面，如图 6-9 所示。

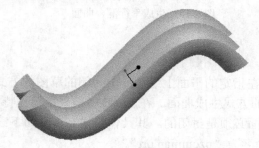

图 6-9　生成的扫描曲面

6.2.4　混合(Blend)

混合(Blend)曲面的绘制方法与混合实体方式相似，是指由一系列直线或曲线(可是封闭的)串连所生成的曲面，可以分为直线过渡型和曲线光滑过渡型两种。

(1) 单击插入→混合→曲面→出现混合选项菜单管理器。

(2) 选取平行→规则截面→草绘截面→完成。

(3) 在属性菜单管理器中选择光滑→开放终点→完成→选择 FRONT(前视图)作为草绘平面→正向→缺省，使用系统默认的参考方向，进入草绘界面。

(4) 绘制第一条曲线，注意每条线的起点位置的箭头方向一致，如图 6-10 所示。

(5) 单击草绘下拉菜单→特征工具→切换截面，第一条曲线变为灰色，绘制第二条曲线，如图 6-11 所示。

(6) 单击草绘下拉菜单→特征工具→切换截面，第二个曲线变为灰色，绘制第三条曲线，如图 6-12 所示。

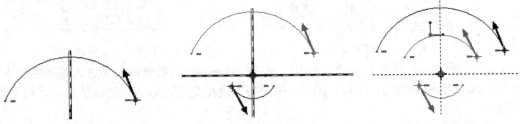

图 6-10   截面第一条曲线   图 6-11   截面第二条曲线   图 6-12   截面第三条曲线

(7) 单击 ✔ →选择盲孔→完成→输入相邻两个截面之间的深度→确定，生成平行混合曲面，如图 6-13 所示。

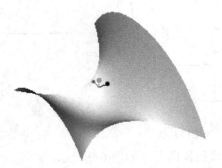

图 6-13   生成平行混合曲面

6.2.5 平整(Flat)

平整(Flat)曲面是指以在指定的平面上绘制一个封闭的草图的方式或者利用已经存在的模型的边线形成封闭草图的方式生成曲面。在 Pro/E 中是采用填充特征来创建平整平面的。注意，平整(Flat)曲面的截面必须是封闭的。其具体的建立步骤如下：

(1) 新建一个文件，命名为"pzqumian.prt"。

(2) 单击编辑→填充，打开如图 6-14 所示的填充操作板。

图 6-14   填充操作板

(3) 单击操作板上的参照标签，在弹出的面板中单击定义，弹出草绘面板，选择 FRONT(前视图)作为草绘平面，使用系统默认的参考方向，系统自动进入草图绘制模式，绘制截面，如图 6-15 所示。

  (4) 单击 ✓ 按钮，完成曲面的创建，结果如图 6-16 所示。

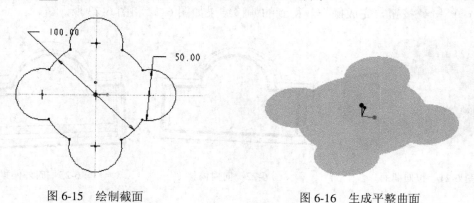

图 6-15 绘制截面   图 6-16 生成平整曲面

6.2.6 偏距(Offset)

  偏距(Offset)曲面是指将一个曲面偏移一定的距离，产生与原曲面相似造型的曲面。编辑下拉菜单中的偏移用来创建偏移的曲面，要激活该选项，需要首先选取一个曲面。偏移操作是在图 6-17 所示的偏移操作板中进行的。

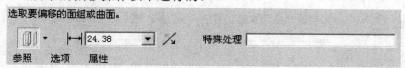

图 6-17 偏移操作板

  图 6-17 中，参照标签用于指定偏移的曲面，其操作界面如图 6-18 所示；选项标签用来进行排除曲面等操作，其操作界面如图 6-19 所示。

  Pro/E 提供的偏移形式有以下四种：创建标准偏移特征；创建具有拔模特征的偏移特征；创建展开偏移特征；创建替换曲面特征，如图 6-20 所示。具体内容此处不予详细介绍。

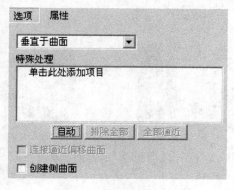

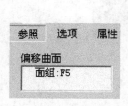

图 6-18 参照标签   图 6-19 选项标签   图 6-20 偏移类型

偏距曲面的具体步骤如下：

(1) 利用拉伸的方式生成一个圆弧曲面，如图 6-21 所示。

(2) 选择要偏移的曲面，单击编辑下拉菜单中的偏移。

(3) 定义偏移类型为标准偏移特征。

(4) 定义偏移距离，在操作板的偏移数值栏中输入距离为 8，定义偏移方向。

(5) 单击 ✔ 按钮，完成操作。得到的偏移结果如图 6-22 和图 6-23 所示。

图 6-21 拉伸曲面   图 6-22 向内偏移   图 6-23 向外偏移

6.2.7 复制(Copy)

复制(Copy)曲面是指通过复制已有曲面的方式来生成新的曲面。其具体的建立步骤如下：

(1) 通过旋转(Revolve)的方式生成 6.2.2 节中的曲面。

(2) 选定要复制的曲面→编辑→复制→编辑→粘贴→出现如图 6-24 所示的粘贴操作板。

图 6-24 粘贴操作板

(3) 在操作板中选择放置标签→点击编辑按钮→选择目标草绘面(可以选择不同的对象作为粘贴草绘面)→进入草绘界面，会发现被复制对象的草绘图形→对图形进行编辑→单击 ✔ 退出草绘界面→单击 ✔，完成对象的复制，如图 6-25 所示。新生成的曲面与原来的曲面完全一致。

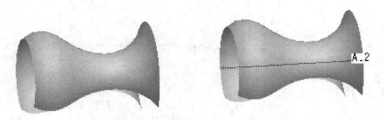

图 6-25 复制的曲面

6.2.8 圆角(Fillet)

圆角(Fillet)曲面是指通过创建圆角或倒圆角曲面来生成一个独立的面组。其具体的建立步骤如下：

(1) 首先通过拉伸的方式来生成如图 6-26 所示的曲面。

(2) 单击插入→倒圆角，出现如图 6-27 所示的圆角操作板。

(3) 选择集标签，在参照中选择需要倒圆角的两个面，如图 6-28 所示。

(4) 在信息区中输入倒圆角的半径尺寸→单击 ✓→确定，曲面圆角如图 6-29 所示。

图 6-26　拉伸的曲面

图 6-27　圆角操作板

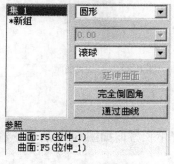

图 6-28　圆角设置对话框

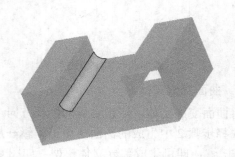

图 6-29　曲面圆角

6.3　曲面建模实例

6.3.1　灯罩

制作如图 6-30 所示的灯罩，练习曲面建模的方法。

1．新建文件

单击文件→新建，输入文件名"Lightshell"→确定。

2．创建曲面

使用旋转曲面命令创建曲面。

图 6-30　简易灯罩

单击插入→旋转→点击 🔲，选择旋转方式为曲面→选取 FRONT(前视图)作为草绘平面→使用系统默认的参考基准，进入草绘界面。

选取基准，绘制如图 6-31 所示的截面曲线和中心线。

单击 ✔ →输入旋转角度 60→确定，创建旋转曲面，如图 6-32 所示。

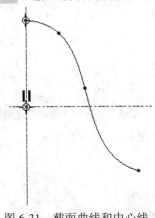

图 6-31　截面曲线和中心线

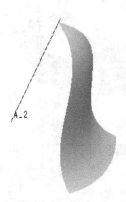

图 6-32　生成曲面

3. 曲面变成实体

将曲面变成实体，注意实体的生长方向。

选择步骤 2 中生成的曲面→单击编辑→加厚，选择生长方向如图 6-33 所示→输入厚度 1→单击 ✔ ，即可生成部分立体模型，如图 6-34 所示。

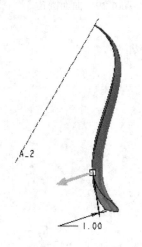

图 6-33　实体的生长方向

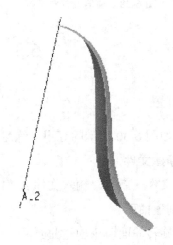

图 6-34　实体模型

4. 切半圆边

单击插入→拉伸→选择方式为减材料→选取 TOP 为基准面，按照系统默认的参照，单击草绘，进入草绘界面。

点取半圆及两边为基准线，绘制三个等径相切圆弧，同时三个圆弧与大半圆以及两边相切，结合大圆弧使截面封闭，如图 6-35 所示，单击 ✔ 结束。注意箭头方向如图 6-36 所示，选取穿过所有→确定，即生成半圆花边，如图 6-37 所示。

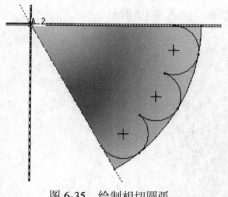

图 6-35　绘制相切圆弧

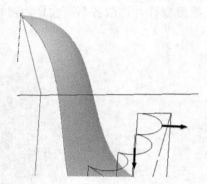

图 6-36　箭头方向

5. 创建参考面

创建一个有角度的参考基准面。

单击工作区右侧的 □ →选取中心轴线和 FRONT 面→输入旋转角度 60→单击 ✔，即可创建一个参考基准面 DTM1，如图 6-38 所示。

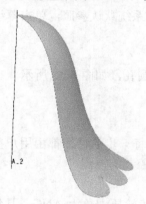

图 6-37　生成半圆花边

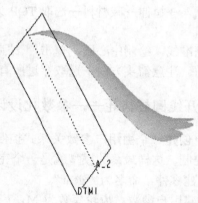

图 6-38　基准面 DTM1

6. 镜像肋板

选择之前三步所生成的特征(旋转、加厚和拉伸)→镜像→选取对称面为 FRONT(前面)，生成对称立体，如图 6-39 所示。

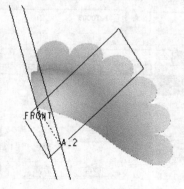

图 6-39　复制肋板

重复操作，选取各基准面作为对称面，生成灯罩，如图 6-40 所示。

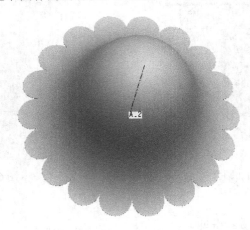

图 6-40   灯罩

7. 切圆孔

单击插入→拉伸→减材料→选取 TOP 为基准面，使用系统默认参照，单击草绘，进入草绘界面。

点取基准线，绘制中心圆，单击 ✔ 结束。

选正向，注意箭头方向→选取穿过所有→确定，生成圆孔，如图 6-30 所示。

6.3.2   渐开线圆柱齿轮——参数化设计

本例将创建一个由用户参数关系式控制的圆柱齿轮，每一步的特征都由用户参数、关系式进行控制，这样最终的模型就是一个完全由用户参数控制的模型。

(1) 新建零件，命名为 "gear"。

(2) 创建用户参数。齿轮模数为 M，齿轮齿数为 Z，齿轮压力角为 ANG。具体方法如下：选择工具下拉菜单中的参数命令，出现如图 6-41 所示的参数对话框→将查找范围选择为零件，然后单击 ➕ 按钮，开始设定齿轮参数。M 值为 2.5，齿数为 112，压力角 ANG 为 20°。

图 6-41   参数对话框

(3) 添加必要的关系式。单击工具下拉菜单→关系，弹出如图 6-42 所示的关系对话框，输入如下的关系式：d=m*z，r=(m*z*cos(ang))/2(其中，d 为分度圆直径，r 为基圆半径)。

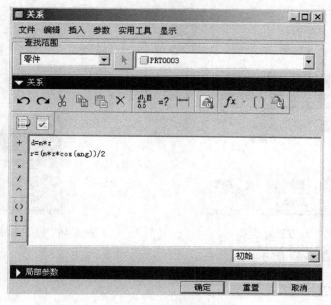

图 6-42　关系对话框

(4) 拉伸齿轮圆柱。单击拉伸图标，选择 FRONT 作为绘图平面，按照系统默认的参照进入草绘界面。绘制如图 6-43 所示的草图(必须以原点为圆心，圆的直径可以随便给定，在之后的操作中该尺寸将由关系式约束)。单击工具下拉菜单中的关系命令，利用 将尺寸切换为符号表示(见图 6-44)，并在关系中输入：sd0 = m*z+2*m，通过参数约束草图尺寸。最后输入齿轮厚度 63，得到齿轮圆柱。

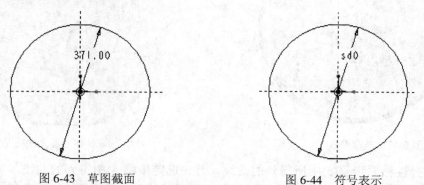

图 6-43　草图截面　　　　　　　　　　图 6-44　符号表示

(5) 绘制渐开线基准曲线。单击基准曲线的创建按钮，在随后的菜单管理器中选择从方程→完成，系统弹出如图 6-45 所示的从方程对话框→在坐标选择中选取默认的坐标系，并在图 6-46 中的设置坐标类型菜单管理器中选择笛卡尔→在弹出的记事本中输入如下方程式：

ang=t*90
s=(pi*r*t)/2

xc=r*cos(ang)

yc=r*sin(ang)

x=xc+(s*sin(ang))

y=yc-(s*cos(ang))

z=0

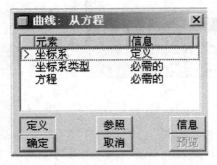

图 6-45　从方程对话框

图 6-46　设置坐标类型菜单管理器

得到的曲线如图 6-47 所示。

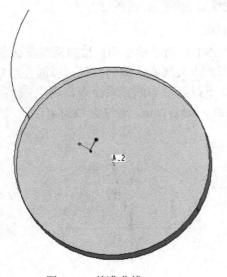

图 6-47　基准曲线

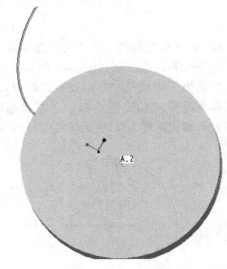

图 6-48　选择性粘贴

（6）选择性粘贴步骤(5)中所得到的曲线。首先选定步骤(5)中得到的曲线，单击编辑中复制命令，之后单击选择性粘贴，结果如图 6-48 所示。在出现的操作板中选择对副本应用移动/旋转变换，弹出选择性粘贴操作板，如图 6-49 所示。其中，中心线为圆柱轴线，角度给定一任意值，之后再利用关系式"d2=360/(4*z)"(此处的 d2 为旋转角度)对其进行约束。粘贴的结果如图 6-50 所示。

（7）建立基准平面。首先单击 ![icon]，选择靠近曲线的一侧圆柱表面为绘图面，画一条通过圆柱面中心线与第(5)步所得到的曲线和圆柱面的交点的直线。以该直线与圆柱的轴线为参照建立起基准平面 DTM1，结果如图 6-50 所示。

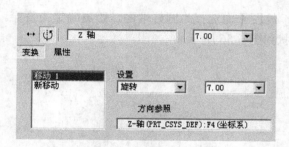

图 6-49 选择性粘贴操作板

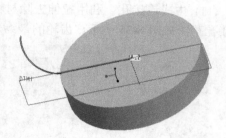

图 6-50 建立基准平面

(8) 将曲线进行镜像。选择步骤(6)中粘贴所得的曲线，以 DTM1 面为参考平面，将曲线镜像。

(9) 生成一个齿。单击拉伸按钮 ，将拉伸特征选择为去除材料，拉伸距离选择为全部贯通。选择圆柱的一个平面作为绘图平面，绘制一个圆，直径取任意值，然后将通过关系进行约束(关系式为 sd4 = m*z-m*2.5，sd4 是此处该圆心的直径的尺寸代号)，之后将原来的圆柱以及步骤(6)、(8)中的曲线进行投影，用直线将渐开线与齿根圆连接在一起，最后裁剪掉多余线段，得到如图 6-51 所示的草图。生成的第一个齿如图 6-52 所示。

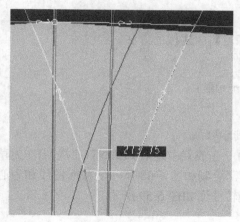

图 6-51 最终草图

图 6-52 生成的第一个齿

(10) 阵列齿。选择之前拉伸形成的特征，单击阵列图标 ▦，出现图 6-53 所示的阵列操作板。将定位方式设定为轴，选择圆柱的中心线作为参照，阵列的个数为 112 个，间隔的角度为 360/122，单击 ✔，完成阵列。整体结果如图 6-54 所示。

图 6-53 阵列操作板

图 6-54 齿阵列结果

(11) 生成连接孔。利用拉伸去除材料，绘图平面选择为圆柱端面，距离确定为贯穿。连接孔草图如图 6-55 所示。齿轮的最终形状如图 6-56 所示。

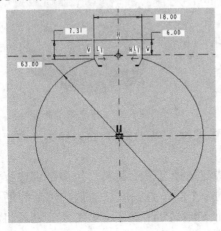

图 6-55　连接孔草图

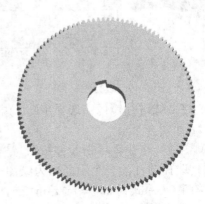

图 6-56　圆柱直齿轮

6.3.3　简易风扇叶片

制作如图 6-57 所示的简易风扇叶片，综合练习曲面建模的方法。

1．新建文件

单击文件(File)→新建(New)，输入文件名 Fan→确定。

2．创建轴套

使用旋转(Revolve) 曲面命令来创建轴套，其步骤如下：

单击插入→旋转→🔲，选择旋转方式为曲面→在放置中选取 **FRONT**(前视图)作为草绘平面→使用系统默认的参考基准，进入草绘界面，绘制如图 6-58 所示的截面曲线和中心线→单击 ✔ →输入旋转角度 360→确定，创建的旋转曲面如图 6-59 所示。

图 6-57　简易风扇叶片

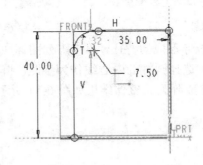

图 6-58　截面曲线和中心线

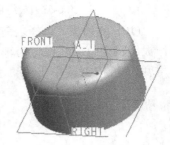

图 6-59　轴套旋转曲面

3．拉伸面

使用拉伸(Extrude)命令来创建两个投影圆柱面，其步骤如下：

(1) 单击插入→拉伸→🔲，选择旋转方式为曲面→选取 **TOP**(俯视图)作为草绘平面→使用系统默认的参考基准，进入草绘界面，绘制如图 6-58 所示的截面曲线和中心线→平面

(Plane)→选取(Pick)→选择轴套的上表面作为草绘平面→正向(Okay)→缺省(Default)，使用系统默认的生长方向和参考面，系统自动进入草图绘制模式。

(2) 选取圆作为基准，绘制如图 6-60 所示的两个同心圆作截面→单击 ✔，使用系统默认的生长方向，即向下的方向。

(3) 单击盲孔(Blind)→完成(Done)，在信息区输入生长深度 60→单击 ✔。

(4) 单击确定，调整视图到缺省(Default)状态，创建拉伸曲面，如图 6-61 所示。

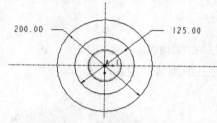

图 6-60　两个同心圆截面

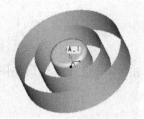

图 6-61　拉伸曲面

4．创建草绘基准平面

新建一个基准平面，用于绘制草图，其步骤如下：

选取 ⊿ →产生基准(Make Datum)，在对话框中选取 FRONT(前视图)作为草绘平面，方向如图 6-62 所示，在信息区输入偏距 120→单击 ✔→完成，新建一个基准平面 DTM1，如图 6-63 所示。

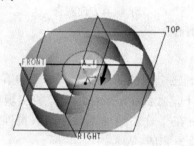

图 6-62　基准偏距方向

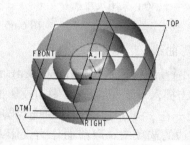

图 6-63　基准平面 DTM1

5．草绘曲线

在草绘平面上，草绘三条曲线，其步骤如下：

(1) 单击工作区右侧的 ![icon] →选取(Pick)→选取新建平面 DTM1 作为草绘平面→正向(Okay)→选取底部(BOTTOM)作为参考，并选取旋转体顶面作为参考，进入草绘模式。

(2) 单击 ▢，以线框模式显示模型，选取三个柱面的轴线、转向轮廓线及上下面作为基准参照方向，如图 6-64 所示。

(3) 单击关闭(Close)按钮，绘制如图 6-65 所示的三条圆弧曲线。

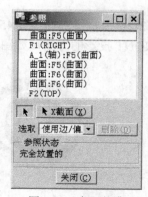

图 6-64　参照基准

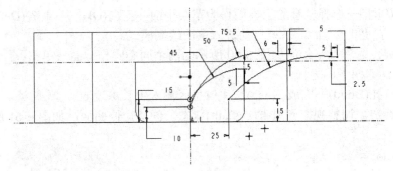

图 6-65　绘制三条圆弧曲线

(4) 单击 ✔→确定，观察如图 6-66 所示的三条圆弧曲线。

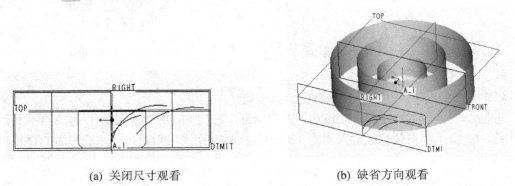

(a) 关闭尺寸观看 　　　　　　　　　　　　　(b) 缺省方向观看

图 6-66　三条圆弧曲线

6. 投影曲线

将三条圆弧曲线通过投影(Projected)命令投影到三个圆柱曲面上，其步骤如下：

(1) 点击插入→造型 □ →右侧的投影曲线，即下落曲线(Projected) ⌒，将出现如图 6-67 所示的选项→在 ～ 右边的选项中选取圆弧曲线→在 ▭ 右边的选项中选取拉伸的圆柱面 →在 ▱ 右边的选项中选取前面作为投影方向→ ✔ →完成。

图 6-67　曲面选项

(2) 选取最短的曲线 R45 的圆弧曲线→选取曲线将要投影的面→选取轴套前面→选用 沿 FRONT 投影的方向，如图 6-68 所示，投影结果如图 6-69 所示。

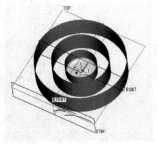

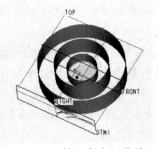

图 6-68　FRONT 的投影方向 　　　　　　　　　图 6-69　第一条空间曲线

(3) 重复命令，将其他两条圆弧曲线也投影到相应的圆柱曲面上，其中 R50 的圆弧曲线投影到中间 φ125 的圆柱曲面上，R75.5 的圆弧曲线投影到最大的 φ125 的圆柱曲面上，得到的空间曲线如图 6-70 所示。

7．新建图层

新建一个参考图层，将两个圆形曲面和平面圆弧曲线隐藏，其步骤如下：

(1) 单击视图→层(Layers)，弹出层对话框→单击 ▤，输入层名 Ref。

(2) 选中 Ref 层，在要增加的项目中选取两个圆形曲面→确定(完成选取)。

(3) 继续增加曲线，选取曲线(Curve)→选中第 5 步中绘制的三条圆弧曲线，完成选取→确定。

(4) 选中 Ref 层→单击隐藏层→ ▨ 刷新，将显示空间曲线，如图 6-71(a)所示。从缺省的角度来看，空间曲线如图 6-71(b)所示。

图 6-70　空间曲线一

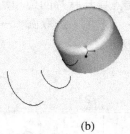

(a)　　　　　　　　　　(b)

图 6-71　空间曲线二

8．生成空间曲边线

使用通过点 (Through Points)命令生成叶片的两条空间曲边线，其步骤如下：

(1) 单击插入→造型 ▱ →右侧的曲线 〜 →由轴套内侧向外依次选取(Select)三条投影曲线的端点→点击 ✓ →完成，创建一条过点的曲线，如图 6-72 所示。

(2) 重复上面的步骤，创建另外一条过点的曲线，空间曲边线如图 6-73 所示。

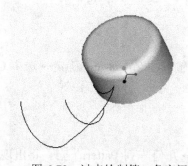

图 6-72　过点绘制第一条空间曲线

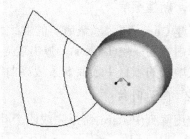

图 6-73　过点绘制第二条空间曲线

9．生成叶片曲面

使用边界曲面(Boundaries)命令生成叶片曲面，其步骤如下：

单击插入→造型 ▱ →右侧的生成边界曲面 ▱ →依次选取内部曲线→点击 ✓ →确定，得到叶片空间曲面，如图 6-74 所示。

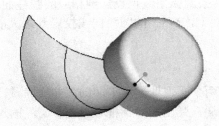

图 6-74   叶片空间曲面

10. 裁剪叶片曲面

使用曲面裁剪命令细化叶片曲面, 其步骤如下:

单击插入→造型 ▭ →右侧的曲面修剪 ▨ →创建如图 6-75 所示的两圆弧曲线(注意: 曲线各个端点要与叶片的边相切, 而且不要增加任何对齐的约束)→单击 ✓ →完成。

在 ﹏ 选项中选取圆弧→在曲面修剪 ✂ 选项中选取不要的曲面→修剪后的叶片圆角如图 6-76 所示。

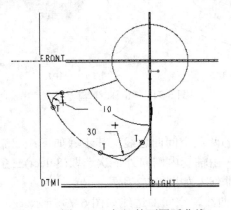

图 6-75   相切的两圆弧曲线

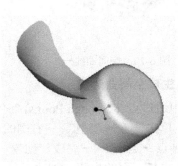

图 6-76   圆角后叶片

11. 新建图层

新建 Curve 层, 隐藏所有的曲线, 其步骤如下:

单击视图→层(Layers), 弹出层对话框→单击 ▱ , 输入层名 Curve→确定→选中 Curve 层, 在增加的项目中选取 5 条边界曲线→确定并隐藏。

12. 阵列叶片

使用阵列(Pattern)命令完成四个叶片, 其步骤如下:

(1) 选中叶片, 选取上一步生成的叶片→点击编辑→几何阵列(Pattern) ▦ , 将出现如图 6-77 的面板, 在尺寸选项中选取轴, 选取 A1 轴(圆柱的轴线, 或者单独建立一个参考轴), 数目默认为 4, 输入角度增量 90→单击 ✓ →完成, 阵列完成的四个叶片如图 6-78 所示。

图 6-77   阵列面板

图 6-78　阵列叶片曲面

13．裁剪叶片曲面

使用裁剪(Trim)命令细化另外三个叶片曲面，重复第 10 步三次，分别裁剪、细化新生成的三个叶片，结果如图 6-79 所示。

图 6-79　裁剪细化后的叶片

14．曲面变成薄板实体

将曲面变成实体，注意实体的生长方向和厚度不能太大，其步骤如下：

点击编辑→加厚 ▭ →选择曲面，其生长方向如图 6-80 所示，在 ⊢ 2.00 中输入厚度 2，点击 ✕ 可以改变方向→单击 ✓，生成的复杂的立体模型如图 6-81 所示。

图 6-80　实体的生长方向　　　　　　　图 6-81　有厚度的风扇模型

第 7 章　投影平面工程图

目前，虽然 3D 造型的工程软件有了很多的应用，但平面工程图纸在生产第一线仍旧是最重要的加工、装配和检验的依据。我国企业网络化和工程软件应用的程度参差不齐，在许多企业中平面工程图仍然是主要的工程语言，有着广泛的应用。所以，掌握从三维零件图(3D)到平面工程图(2D)的转换方法是极其必要的。

Pro/E 的工程图模块用于绘制零件或装配件的详细工程图，在工程图模块中可以方便地建立各种正交视图，包括剖面图和辅助视图等。为了保证工程图符合我国的国家标准、生产规格和行业习惯，本章将首先介绍如何设置模板图和一些参数以及一些每图都必不可少的基础知识，以便提高绘图效率。同时，通过实例，主要介绍创建各种视图及尺寸标注、注释和明细表的方法。

7.1　设置文件保存路径

设置文件保存路径，可以使新建文件(工程图)保存在我们设定的文件夹中，也可以迅速打开该路径下的文件。设置工作目录的过程参见第 1 章的介绍。

7.2　建立平面工程图

点击文件(File)→新建(New)，打开如图 7-1 所示的新建(New)对话框，点选类型(Type)下的绘图(Drawing)选项，即表示选择绘制工程图，确定后即进入制作绘制工程图所用模板格式的模块。

绘制工程图，在名称(Name)后输入非汉字的文件名，勾选使用缺省模板，点击确定就会弹出如图 7-2 所示的新制图(New Drawing)对话框。如果不选，则使用缺省模板，点击确定就会弹出如图 7-3 所示的对话框。

(1) 在新建对话框中选取绘图，勾选使用缺省模板，即进入绘制工程图模块。

(2) 如图 7-2 所示，在缺省模型栏中将当前打开的模型绘制成工程图，可以随时在工程图中观看二维投影，也可用浏览指明欲建工程图的模型。

(3) 在指定模板栏中选择适当的工程图模板：使用模板，表示系统会自动建立指定模型的默认三视图；格式为空，表示一般要事先设计制作好格式，此时只是调用；空，表示图纸中的相关表格、技术要求、符号说明等需要自己插入。

(4) 在方向(Orientation)栏中有纵向(Portrait)、横向(Landscape)和可变(Variable)三个选

项。在大小(Size)栏中有标准大小(Standard Size)和可变版面两个选项。其中，标准大小有A0、A1、A2、A3、A4、F、E、D、C、B、A共11种供选择；可变版面只能在宽度(Width)和高度(Height)中自定义。完成定义之后，点击确定按钮，进入工程图界面。

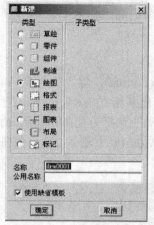

图 7-1　新建对话框

图 7-2　新制图对话框一

图 7-3　新制图对话框二

7.2.1　创建默认视图

默认产生第三角的三视图。

点击文件(File)→新建(New)→类型(Type)→绘图(Drawing)→输入文件名→使用缺省模板(Use default template)→在大小(Size)中选 A4，就会弹出如图 7-4 所示的工程图界面，显示自动建立指定模型的三视图。因为默认的视图有许多方面不符合我国国标，所以这里不再做详细介绍。

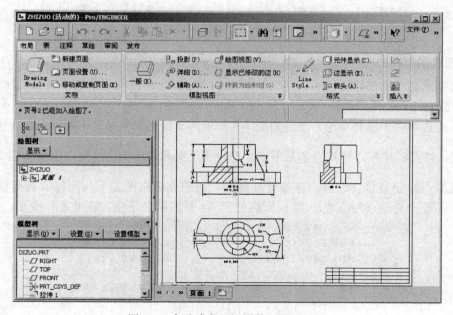

图 7-4　自动建立三视图的工程图界面

7.2.2　创建格式文件

为了使绘制的工程图格式符合统一标准，需要建立各种标准的格式文件，以便在各种格式文件的基础上创建工程图，而不用每张图都进行设置，从而提高工作效率。本书仅介绍创建机械工程图的格式文件。

1. 创建 A4 格式新文件

在主菜单中选择文件(File)→新建(New)→类型(Type)→格式(Format)，输入文件名 A4，如图 7-5 所示→点击确定按钮，创建 A4 图纸格式文件→系统弹出新格式(New Format)对话框，如图 7-6 所示→选择指明模板(Specify Template)为空(Empty)→选择方向(Orientation)为可变(Variable)→选择毫米(Millimeters)，在大小(Size)栏的宽度(Width)框中输入 297，在高度(Height)框中输入 210→点击确定按钮，创建 A4 图幅的格式文件。

图 7-5　新建对话框

图 7-6　新格式对话框

2. 创建图框格式

进入格式文件的创建环境后，工作区出现 A4 图框。此时可利用草绘编辑器创建内图框，其创建方式如下：

在标题菜单栏中选择草绘，出现如图 7-7 所示的草绘编辑菜单。该菜单中包含设置、插入、控制、修剪、排列、格式等子菜单项。在设置子菜单项中点击 ▦，出现如图 7-8 所示的栅格及原点控制菜单管理器。在该管理器中，可控制栅格的显示与隐藏并调整栅格的显示方式，还可定义原点的位置。(默认原点位于 A4 外图框左下角，在此不作变更。)

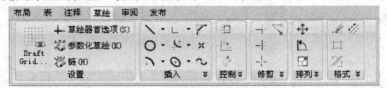
图 7-7　草绘编辑菜单

　　在插入子菜单项中选择直线绘图命令，绘制 A4 内图框→将光标移至绘图区域，长按鼠标右键，弹出如图 7-9 所示的快捷菜单，选择其中的绝对坐标，输入起点绝对坐标值(25,0)，点击确认按钮，然后依上述操作输入终点坐标(25，210)，如图 7-10 所示。

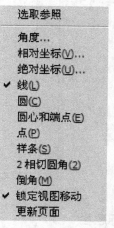

图 7-8　栅格及原点控制菜单管理器　　　　图 7-9　绘图命令右键快捷菜单

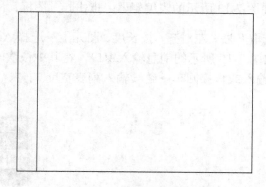

图 7-10　A4 图框及草绘直线

　　在草绘编辑菜单栏中选择 ⬐ (偏移边命令)→链图元→按住 Ctrl 键，同时选择 A4 图框的上、下、右边线→确定→在箭头方向输入偏移–5→确定→点击鼠标中键退出偏移边命令，将得到如图 7-11 所示的 A4 图框。

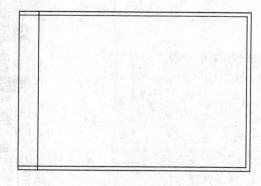

图 7-11　对图框边线进行偏移命令

点击 ┐ (拐角命令)→按住 **Ctrl** 键，同时选择需要裁剪的两条直线(注：鼠标选取位置应位于不裁剪的一侧)→点击鼠标中键退出拐角命令，裁剪后的 A4 图框如图 7-12 所示。

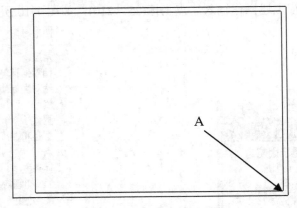

图 7-12   裁剪后的 A4 图框

3. 创建标题栏

点击表菜单，出现如图 7-13 所示的表编辑器，点击 📊图标，出现如图 7-14 所示的表编辑菜单管理器。依次选取升序、左对齐、按长度、图元上→选择 A4 内图框的右下角点(图 7-12 中的 A 点)→弹出如图 7-15 所示的消息输入窗口，在其中依次输入 50、50、26、12、12 作为列表的宽度→不输入或直接回车→继续输入列表宽度 7、7、7、7，不输入或直接回车，确认表的生成。

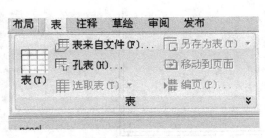

图 7-13   表编辑器   图 7-14   表编辑菜单管理器

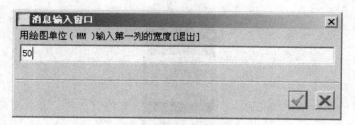

图 7-15　消息输入窗口

利用上述方法，按照国家标准建立不同制式的明细表。

4. 输入文字

在如图 7-13 所示的明细表格中，鼠标移至某一单元格→双击鼠标左键→出现如图 7-16 所示的注释属性窗口→在文本标签下输入需要添加注释的文字→在如图 7-17 所示的文本样式标签下修改字符高度为 6，点击预览按钮可查看文字位置及大小→点击确定按钮，关闭对话框。

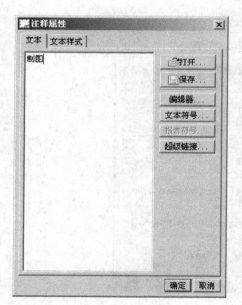

图 7-16　添加注释文本

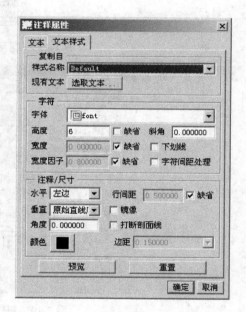

图 7-17　高级格式菜单管理器

若不依赖明细表单元格建立文字注释，可依照如下步骤进行创建。

选择注释菜单栏→插入栏目中的注解 → 出现如图 7-18 所示的注释类型菜单管理器→选择无引线→输入→水平→标准→缺省→样式库→新建文本样式→出现如图 7-19 所示的新文本样式窗口→新建一个以 new 为名称的文本样式，并将字符高度设置为 6→点击确定并关闭文本样式库→重新选择当前样式→选择新建的文本样式 new→点击进行注解→出现如图 7-20 所示的菜单管理器→选择选出点→选择预输入文字的位置→点击鼠标左键确定→在弹出的对话框中输入文字即可(Pro/E5.0 还提供了如图 7-21 所示的文本符号菜单，可以选择不同的标注进行注释)。输入完成后点击两次确定，退出注释命令操作。

使用上述两种方法中的任意一种，创建如图 7-22 所示的明细表项。

图 7-18　注释类型菜单管理器

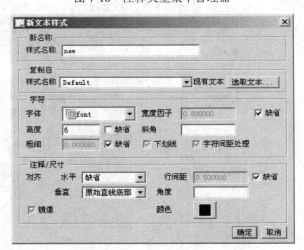

图 7-19　新建文本样式窗口

图 7-20　选取文字位置菜单

图 7-21　文本符号菜单

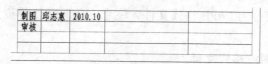

图 7-22　输入文字的明细表

5. 保存文件

在工作目录下新建一文件夹 Templates，用于放置模板。使用保存副本(Save a Copy)命令保存文件到 Pro/E 工作目录下的 Templates 文件夹下，文件名为 A4。

7.2.3　用 AutoCAD 图框做格式文件

Pro/E 可以引用外部数据，支持许多常用图形软件。例如，与 AutoCAD 的二维图形可随意互用，可将 AutoCAD 绘制好的模板文件直接引入作为格式文件使用。

1. 引入 AutoCAD 图框做格式文件

(1) 在 Pro/E 中打开文件，出现如图 7-23 所示的文件打开对话框，选取 AutoCAD 的文件后缀为.dwg 格式。

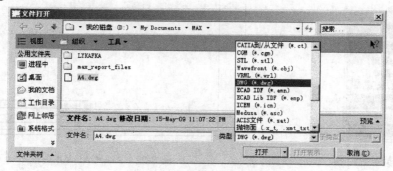

图 7-23　文件打开对话框

(2) 在如图 7-24 所示的输入新模型对话框中，因准备将该图做成格式文件使用，所以选取格式，默认名为 A4，然后点击确定，弹出如图 7-25 所示的对话框，点击确定。

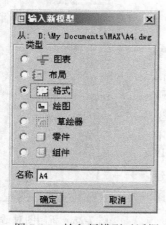

图 7-24　输入新模型对话框

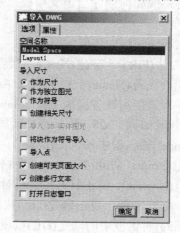

图 7-25　导入 DWG 对话框

(3) 保存文件，直接存为 Pro/E 格式文件。注意，此时默认单位为英寸，在做模板时需转换单位。

2. 插入 AutoCAD 图框格式文件

(1) 在主菜单中选择文件(File)→新建(New)→类型(Type)→格式(Format)，输入文件名 A4→点击确定按钮→指定模板(Specify Template)选为空(Empty)→方向(Orientation)选为可变(Variable)→选择毫米(Millimeters)，在尺寸(Size)栏的宽度(Width)框中输入 297，在高度 (Height)框中输入 210→确定，创建 A4 图幅的格式文件。

(2) 在主菜单中点击布局→插入栏目中选择叠加 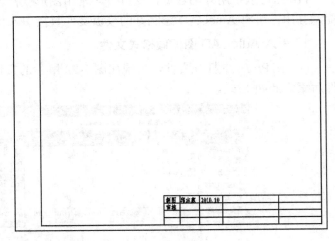叠加(Y)...，弹出如图 7-26 所示的菜单管理器→依次选择增加叠加、放置页面→选取 A4.dwg 平面图→打开。用此方法可以插入 AutoCAD 绘制的平面图，如图 7-27 所示。

图 7-26　菜单管理器

图 7-27　AutoCAD A4 图框

7.2.4　创建工程图模板

本节将讲解如何创建自定义模板以及如何设定默认模板。

新建工程图模板的步骤如下：

单击文件(File)→新建(New)→类型(Type)→绘图 (Drawing)，在名称(Name)一栏中输入 A4 作为工程图模板的名称，不选使用缺省模板(Use default template)→确定(OK)，出现如图 7-28 所示的对话框，在缺省模型 (Default Model)输入框中输入无(none)，并在指定模板中选格式为空(Empty With Format)→在格式(Format)一栏中点击浏览(Browse)，弹出打开(Open)对话框，选择新建的 A4.dwg 格式文件，点击确定(OK)按钮→点击新制图 (New Drawing)对话框中的确定(OK)按钮。

图 7-28　新制图对话框

7.3　工 程 图 实 例

因为工程图制作的过程比较繁琐，为了便于学习，我们将在实例制作的过程中进行详细介绍。注意：在制作过程中，应随时开关基准的显示，使用消隐、线框或着色显示，并刷新屏幕。

7.3.1　轴承座的工程图

在已设置过工程图保存路径及模板后，制作如图 7-29 所示的轴承座的工程图。

1. 新建文件

单击新建(New)→绘图(Drawing)→输入工程图名称"zhoucz"→使用缺省模板(Use default template)→确定→指定模板选格式为空→浏览(Browse)，指明欲建工程图的模型，使用已设置第一角投影的 A3 模板(若没有设置，则在系统中选取第一角)→确定，进入绘制工程图的界面。

图 7-29　轴承座

2. 创建主视图

单击布局→模型视图→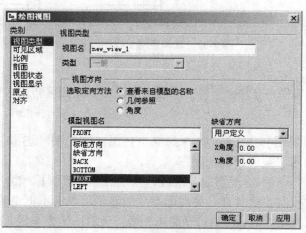→在工程图上点击预生成视图的位置，弹出如图 7-30 所示的对话框。

图 7-30　绘图视图对话框

在模型视图名中选择 FRONT(主视图)→在缺省方向中选用户定义。点击右侧菜单栏的可见区域→视图可见性→全视图。比例默认为页面的缺省比例，即按图纸尺寸选用合适的默认比例，当主视图确定后，其他视图的比例位置即已确定。在剖面选项中选择无剖面，在视图显示选项中选择显示线型为线框，其他为默认选项。第一次切换类别菜单时会出现如图 7-31 所示的警告提示框，点击是，继续操作。

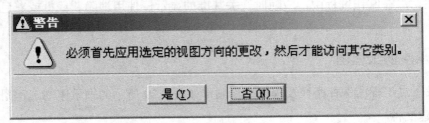

图 7-31　警告提示框

点击确定按钮，退出绘图视图菜单，完成轴承座的主视图投影，如图 7-32 所示。

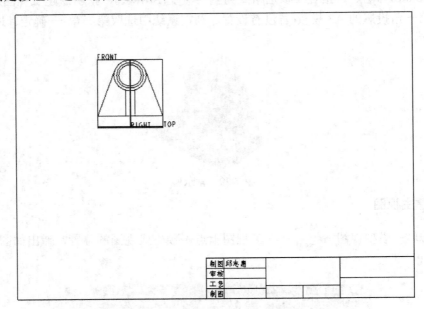

图 7-32　轴承座的主视图投影

3. 创建左视图

单击布局→模型视图→投影(P)...→选取主视图，在绘图区点击放置位置。

4. 创建俯视图

单击布局→模型视图→投影(P)...→选取主视图，在绘图区选取放置位置，显示如图 7-33 所示的默认俯视图，完成投影三视图。

注意：图 7-33 在显示中将投影的基准线、基准点和基准坐标调为关闭状态。为使图示清晰，作图过程中应按需要随时开、关投影基准的显示，以后不再说明。

从图 7-33 中可以看出，Pro/E 不自动显示轴线，显示切线为实线，而我国的标准是切线不显示。

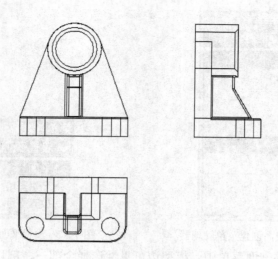

图 7-33　完成三视图投影

5. 修改工程图的切线显示状况

双击要修改的视图，显示如图 7-30 所示的对话框，点击视图显示，相切边显示样式中选择无，刷新屏幕后，显示的三视图如图 7-34 所示。

若显示样式中选消隐，则刷新屏幕后，显示的三视图如图 7-35 所示。

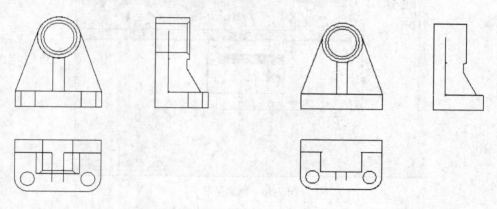

图 7-34　不显示相切边的三视图　　　　　　图 7-35　消隐显示的三视图

6. 删除左视图

选中所要删除的视图→按 Delete 键直接删除，或者选择要删除的视图→编辑→删除，删除左视图。

7. 创建全剖左视图

双击左视图→选择剖面菜单→剖面选项选择 2D 截面→点击 ✚，弹出如图 7-36 所示的剖截面创建菜单管理器→选择平面、单一→点击完成→在下方消息提示栏里输入截面名 A →点击 ✔，弹出如图 7-37 所示的设置平面菜单管理器→选择平面→在主视图或俯视图上选择中垂平面→完成对剖截面的选择。

图 7-36   剖截面创建菜单管理器   图 7-37   设置平面菜单管理器

    在如图 7-38 所示的剖面菜单中，模型边可见性选择全部→在剖切区域栏中选择完全→点击应用、确定按钮，产生的左视图如图 7-39 所示。

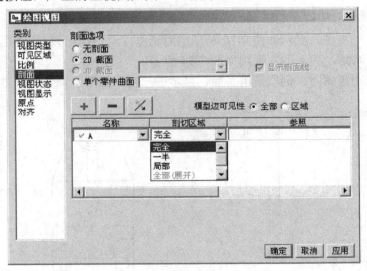

图 7-38   剖面菜单

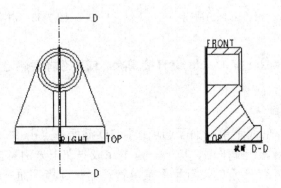

图 7-39   全剖左视图

　　注意： 此时肋板部分绘制了剖面线，而不是按我国国标的规定不绘制剖面线。如果选取位置偏左，则因为无材料会产生左视图，如图 7-40 所示。

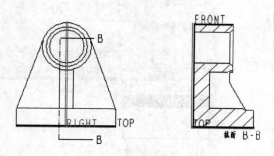

图 7-40　偏剖左视图

8. 创建俯视图

　　单击布局→模型视图→◇ **辅助(A)…**，在主视图上选取要从中创建辅助视图的边、轴、基准平面或曲面，这里选取轴承座的底面→鼠标向上拖动，移动到合适位置→点击左键确认，完成俯视图的创建，如图 7-41 所示。

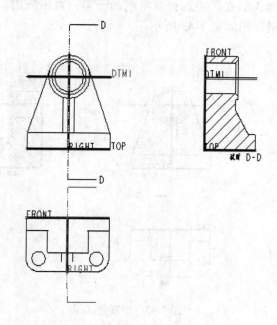

图 7-41　俯视图

9. 创建半剖俯视图

　　双击上一步建立好的俯视图→选择剖面→剖面选项选择 2D 截面→点击 **＋**→点击名称栏下的创建新剖截面，如图 7-42 所示，弹出如图 7-36 所示的剖截面创建菜单管理器→选择平面、单一→点击完成→在下方消息提示栏里输入截面名 E→点击 **✓**→选择 DTM1 基准面 (即与轴承座底面平行且穿过轴承孔轴线的基准平面) 作为剖切平面→完成。

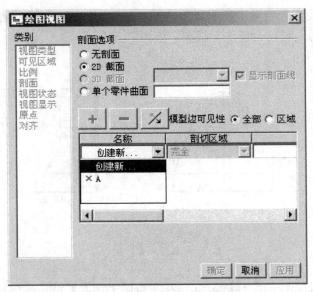

图 7-42 创建新的剖截面

在剖切区域一栏中选择一半→单击参照栏下的选取平面→选择主视图的中垂面作为半剖的参照平面→用鼠标左键在图中选择要半剖的一半→点击应用、确定按钮，完成半剖视图的创建。产生的半剖视图如图 7-43 所示。

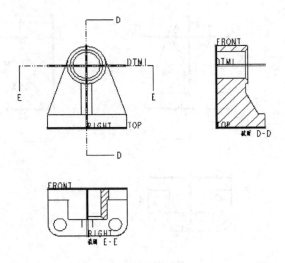

图 7-43 半剖俯视图

10. 增加详细视图

为了观看和标注局部圆角等细小结构，可增加局部放大视图(详图视图)。其步骤如下：

单击布局→模型视图→详细(D)...→选取左视图欲放大的位置，点击鼠标左键选中，选取的几何图形被加亮并出现红色十字叉，表示详细视图中的几何参照点→用鼠标在周围绘制一封闭图形，如图 7-44 所示，点击鼠标中键确认→鼠标左键点击欲生成详细视图的位置，生成详细视图。

双击生成的详细视图,弹出如图 7-45 所示的绘图视图对话框,在视图类型中的详细视图属性栏内的父项视图上的边界类型栏中可选择边界类型的形状,默认为圆。在比例选项中,在定制比例后面可改变详细视图的比例。

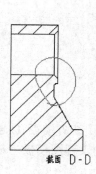

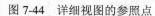

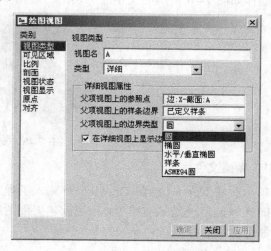

图 7-44 详细视图的参照点   图 7-45 详细视图的绘图视图菜单

详细视图的显示随着创建详细视图的视图而改变。例如,如果父视图显示详图视图区域中的隐藏线,则详细视图(仅仅是其父视图的一部分)也同样显示那些隐藏线。同样,如果从父视图中删除特征,则系统也将从详细视图中将其删除。因此只有修改父视图,才能修改详细视图中的剖面线、隐藏线等的显示特性。

11. 移动视图

鼠标移动到主视图上,长按鼠标右键,出现如图 7-46 所示的快捷菜单。

选择锁定视图移动,取消锁定视图(默认为锁定状态),此时就可以用鼠标调整各个视图相对于图纸的位置(具有投影关系的视图只能在其投影方向上移动)。最终生成的工程图如图 7-47 所示。

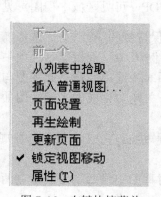

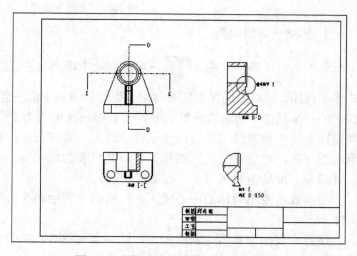

图 7-46 右键快捷菜单   图 7-47 详细视图及轴承座的工程图

7.3.2　支座的工程图

制作如图 7-48 所示的支座的工程图。

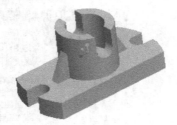

图 7-48　支座

1．新建文件

单击新建(New)→绘图(Drawing)→输入工程图名称 zhizou→使用缺省模板(Use default template)→确定→选缺省模型，指明欲建工程图的模型，使用 A4 的工程图模板→确定，进入绘制工程图的界面。

2．创建主视图

单击布局→模型视图→ ![一般视图] →视图方向中模型视图名选 FRONT→可见区域中视图可见性选择全视图→比例改为定制比例 0.02→视图显示选项中，视图线型为无隐藏线，相切边显示样式为无→应用→关闭。生成的主视图如图 7-49 所示。

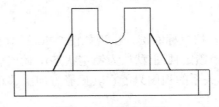

图 7-49　支座主视图

3．创建一半俯视图

单击布局→模型视图→ ![一般视图] →视图方向中模型视图名选 TOP→可见区域中视图可见性选择半视图，半视图选择主视图的中垂面作为参照平面→点击保持侧的 ![按钮] 按钮，选择需要保留的一半视图→对称线标准选择没有直线→比例改为定制比例 0.02→视图显示选项中，视图线型为无隐藏线，相切边显示样式为无→对齐选项中视图对齐选项勾选将此视图与其他视图对齐，然后点取主视图作为要与之对齐的视图→应用→关闭。生成的半俯视图如图 7-50 所示。此处主要练习一半视图的画法。

用画线绘制出对称的中心线，并在两端分别绘制两条平行短线。完成的半俯视图如图 7-51 所示。

注意：我国国标简化画法规定，绘制半视图时，必须在对称的中线两端分别绘制两条平行短线，否则按一半加工。

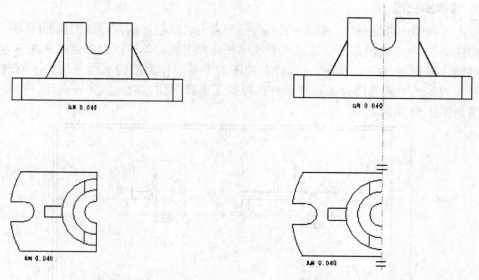

图 7-50　半俯视图　　　　　　　图 7-51　最终的半俯视图

绘制中心线时先点击草绘菜单，在直线命令下拉菜单下选择中心线绘制命令→光标移至绘图区域→长按鼠标右键，出现快捷菜单，选择合适的参照放置中心线的起点，用同样的方法放置中心线的终点。

4. 创建半剖左视图

单击布局→模型视图→□▫投影(P)...→选择主视图，对其进行左视图投影。

双击左视图对其属性进行编辑，可见区域中视图可见性选择全视图→剖面选择 2D 截面→点击 ＋ →点击名称栏下的创建新剖截面(见图 7-42)，弹出如图 7-36 所示的剖截面创建菜单管理器→选择平面、单一→点击完成→在下方消息提示栏里输入截面名 A→点击 ✔ →选择主视图的中垂面作为剖切平面→剖切区域选择一半→选择左视图的中垂面作为参照平面→在视图上选择剖切方向→视图显示选项中，视图线型为无隐藏线，相切边显示样式为无→应用→关闭。产生的半剖左视图如图 7-52 所示。

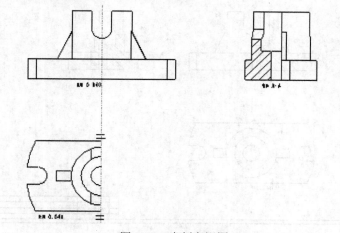

图 7-52　半剖左视图

5. 修改主视图

双击主视图→剖面→2D 截面→点击 **✚** →点击名称栏下的创建新剖截面(见图 7-42)，弹出如图 7-36 所示的剖截面创建菜单管理器→选择平面、单一→点击完成→在下方消息提示栏里输入截面名 B→点击 **✔** →选择左视图的中垂面作为剖切平面→剖切区域选择一半→选择主视图的中垂面作为参照平面→在视图上选择剖切方向→应用→关闭。产生的半剖主视图如图 7-53 所示。

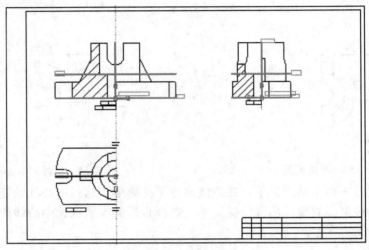

图 7-53　半剖主视图

6. 修改俯视图

因为在平面工程图中绘制半视图极易造成误解，从而造成直接经济损失，所以改成绘制全视图。

双击俯视图，调出绘图视图菜单管理器→可见区域→视图可见性一栏选择全视图→应用→关闭，删除上下对称短线。完成的全俯视图如图 7-54 所示。

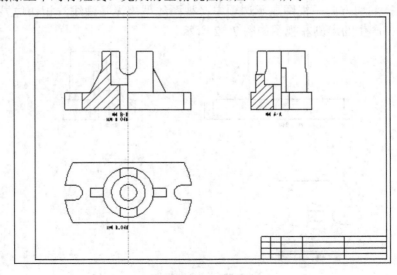

图 7-54　全俯视图

7. 创建一般视图

对于一般视图，可在绘图区中随处移动视图，并缩放它们。

单击布局→模型视图→ ⬛ →选择图纸适当位置放置一般视图。

在弹出的绘图视图菜单栏中设置视图类型→模型视图名为标准方向，缺省方向为斜轴测→比例中选择定制比例 0.02→视图显示中，显示线型为无隐藏线，相切边显示样式为无→应用→关闭。

鼠标移至一般视图上，长按右键，在快捷菜单中取消锁定视图移动选项，将一般视图调整到适当位置。完成的支座的工程图如图 7-55 所示。

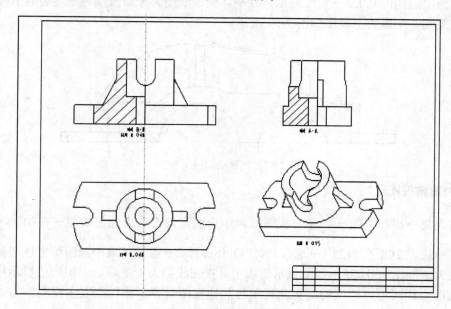

图 7-55　支座的工程图

7.3.3　减速箱盖的工程图

在设置过工程图保存路径及模板后，制作如图 7-56 所示的减速箱盖的工程图。

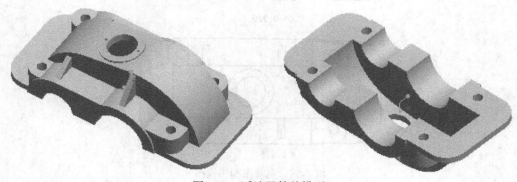

图 7-56　减速器箱盖模型

1. 新建文件

单击新建(New)→ 绘图(Drawing)→ 输入工程图名称 xianggai→ 使用缺省模板 (Use default template)→ 确定→ 选缺省模型的浏览，指明欲建工程图的模型，使用 A4 的工程图模板→ 确定，进入绘制工程图的界面。

2. 创建主视图

单击布局→ 模型视图→ 一般(E)→ 视图方向中选取定向方法为几何参照→ 在绘图区点取主视图位置→ 选取 FRONT 作参照 1→ 选取底面作参照 2→ 可见区域中视图可见性选择全视图→ 比例改为定制比例 0.025→ 视图显示选项中，视图线型为无隐藏线，相切边显示样式为无→ 应用→ 关闭。生成的主视图如图 7-57 所示。

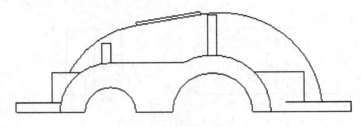

图 7-57   减速器箱盖主视图

3. 创建俯视图

单击布局→ 模型视图→ 一般(E)→ 视图方向中选取定向方法为几何参照→ 在绘图区点取主视图位置→ 选取 TOP 作参照 1→ 选取 FRONT 作参照 2→ 可见区域中视图可见性选择全视图→ 比例改为定制比例 0.025→ 视图显示选项中，视图线型为无隐藏线，相切边显示样式为无→ 对齐选项中视图对齐选项勾选将此视图与其他视图对齐，然后点取主视图作为要与之对齐的视图→ 应用→ 关闭。完成的俯视图投影如图 7-58 所示。

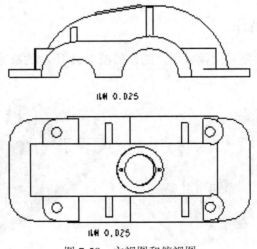

图 7-58   主视图和俯视图

4. 创建前部半剖左视图

单击布局→模型视图→投影→选取主视图，然后点击左视图的适当位置→视图类型中，视图名改为 C，投影视图属性中勾选添加投影箭头，在视图中可用鼠标将投影箭头调整至适当大小及适当位置→可见区域中视图可见性选择半视图→半视图参照平面选择左视图的中垂面作为参照平面→点击保持侧的 ⚒ 按钮，选择需要保留的一半视图→对称线标准选择实线→剖面选择 2D 截面→点击 ➕ →点击名称栏下的创建新剖截面，弹出剖截面创建菜单管理器→选择平面、单一→点击完成→在下方消息提示栏里输入截面名 C→点击 ✔ →选择主视图中小轴圈的中垂面作为剖切平面→剖切区域选择完全→视图线型选为无隐藏线，相切边显示样式选为无→应用→关闭。生成的前部半剖左视图如图 7-59 所示。

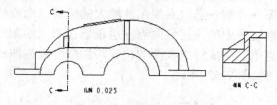

图 7-59　半剖视图的前一半左视图

5. 创建后部半剖左视图

单击布局→模型视图→投影→选取主视图，然后点击左视图的适当位置→视图类型中，视图名改为 B，投影视图属性中勾选添加投影箭头，在视图中可用鼠标将投影箭头调整至适当大小及适当位置→可见区域中视图可见性选择半视图→半视图参照平面选择左视图的中垂面作为参照平面→点击保持侧的 ⚒ 按钮，选择需要保留的一半视图→对称线标准选择实线→剖面选择 2D 截面→点击 ➕ →点击名称栏下的创建新剖截面，弹出剖截面创建菜单管理器→选择平面、单一→点击完成→在下方消息提示栏里输入截面名 B→点击 ✔ →选择主视图中大轴圈的中垂面作为剖切平面→剖切区域选择完全→视图线型选为无隐藏线，相切边显示样式选为无→应用→关闭。生成的后部半剖左视图如图 7-60 所示。

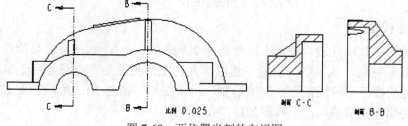

图 7-60　两位置半剖的左视图

6. 修改主视图

双击主视图对其属性进行编辑，剖面选择 2D 截面→点击 ➕ →点击名称栏下的创建新剖截面，弹出剖截面创建菜单管理器→选择平面、单一→点击完成→在下方消息提示栏里输入截面名 A→点击 ✔ →选择 FRONT 面作为剖切平面→剖切区域选择一半→选择主视图中大轴圈的中垂面作为参照平面→在视图上选择剖切方向→应用→关闭。产生的半剖主视图如图 7-61 所示。

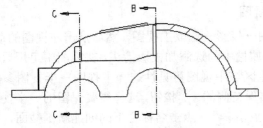

图 7-61　半剖的主视图

7. 增加详细视图

为了标注局部圆角等细小结构,可增加局部放大视图(详图视图)。

单击布局→模型视图→详细→选取右视图欲放大的位置,选取的几何图形被加亮并出现红色十字叉,表示详细视图中的几何参照点→用鼠标在周围绘制一封闭图形,点击鼠标中键确认→用鼠标左键点击欲生成详细视图的位置,生成详细视图→双击详细视图,调整比例为 0.10,显示该视图如图 7-62 所示。

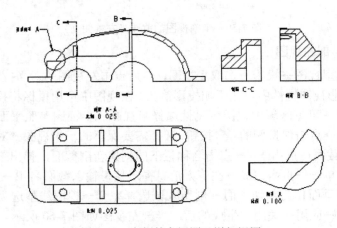

图 7-62　半剖的主视图及详细视图

8. 修改主视图

双击主视图对其属性进行编辑,剖面选择 2D 截面→点击 ✚ →点击名称栏下的 A→剖切区域选择局部→选取欲剖切的位置,选取的几何图形被加亮并出现蓝色十字叉,表示详细视图中的几何参照点→用鼠标在周围绘制一封闭图形,如图 7-63 所示→点击鼠标中键确认→应用→关闭。完成的局部剖视图如图 7-64 所示。

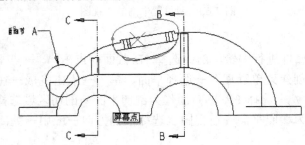

图 7-63　欲局部剖的剖开位置

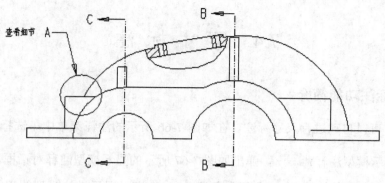

图 7-64　局部剖视图

9．辅助斜视图

辅助斜视图可表示零件上倾斜平面的真实尺寸和形状。可以垂直于所选边制作模型投影，从任何视图类型创建辅助斜视图。

单击布局→模型视图→辅助→在主视图上选取要创建辅助视图的边、轴、基准平面或曲面，这里选取箱盖顶端窥视孔的上边界→鼠标向上拖动，移动到合适位置→点击左键确认，完成辅助视图的创建。

双击主视图，调出绘图视图属性菜单栏→在可见区域中视图可见性选择局部视图→在辅助视图上选取参照点→在参照点周围绘制样条边界，勾画出要显示的局部视图部分，点击鼠标中键确认→视图线型选为无隐藏线，相切边显示样式选为无→应用→关闭。

取消锁定视图移动项目，调整各个视图的相对位置，完成减速箱盖的工程图，如图 7-65 所示。

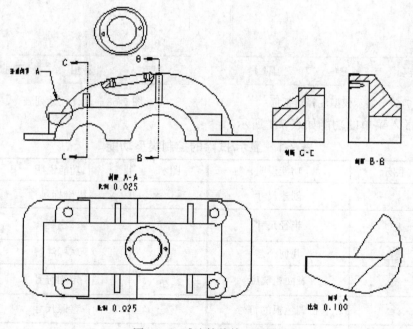

图 7-65　减速箱盖的工程图

7.4 尺寸标注

7.4.1 尺寸标注功能简介

Pro/E 5.0 可以自动进行尺寸标注。在如图 7-66 所示的注释菜单中→选择 Show Model Annotations(显示模型注释) ，弹出如图 7-67 所示的显示模型注释对话框。该对话框的功能是直接提取在零件模式(Part)或组件模式(Assembly)时用于设计模型的相关尺寸。点击主视图，此时在显示模型注释对话框内显示所有零件的设计尺寸，勾选所要保留的尺寸，点击应用、确定按钮，如图 7-68 所示。

图 7-66 注释菜单栏

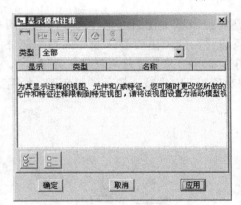

图 7-67 显示模型注释对话框

图 7-68 设计尺寸列表

注释中插入菜单的功能如表 7-1 所示。

表 7-1 显示/拭除的控制类型功能

图示	功能说明	图示	功能说明
	创建尺寸		纵坐标尺寸
	半径尺寸		注解
	几何公差		球标注解
	表面粗糙度		定制符号
	自调色板的符号		参照尺寸
	纵坐标参照尺寸		坐标尺寸

使用时，先按下 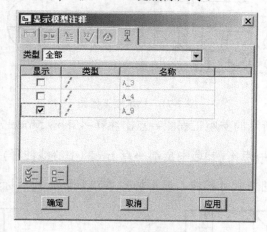，对所有视图进行整体标注，然后通过上述控制功能对其进行细致修改，从而达到工程图的标注规范要求。

7.4.2　尺寸标注实例

（1）打开如图 7-47 所示的轴承座工程图→点击注释→Show Model Annotations(显示模型注释) →选中主视图→点击 选中全部→点击 (中心线注释)菜单项，显示对话框如图 7-69 所示→勾选 A_9 中心线，系统自动进行尺寸标注，显示如图 7-70 所示，尺寸标注较乱，且标出了小圆角等不必要的尺寸。

（2）直接在视图中选中多余的尺寸→长按右键→选择删除；或选取要删除的尺寸(可用 Ctrl+鼠标左键一次选中多个对象)，按 Delete 键删除尺寸。

图 7-69　中心线注释选择列表

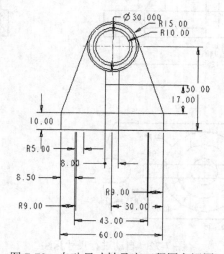

图 7-70　自动尺寸轴承座工程图主视图

(3) 在参数栏中选择 小数位数(P)…，在弹出的对话框中输入小数位数为 0，让尺寸保留整数，根据提示用鼠标选择所有尺寸，点击确定。

(4) 选中尺寸，用鼠标左键将选取的尺寸数值拖动到合适的位置，完成轴承座工程图，如图 7-71 所示，其中一些标注不符合我国国标。注意：该图是右视图，不是左视图。

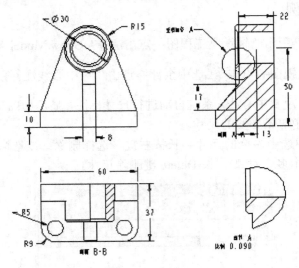

图 7-71 轴承座工程图

(5) 打开如图 7-55 所示的支座工程图→点击注释→Show Model Annotations(显示模型注释)　→选中主视图→点击　选中全部→点击　(中心线注释)菜单项→勾选合适的中心线→确定，系统自动进行尺寸标注，显示如图 7-72 所示，尺寸标注较乱。

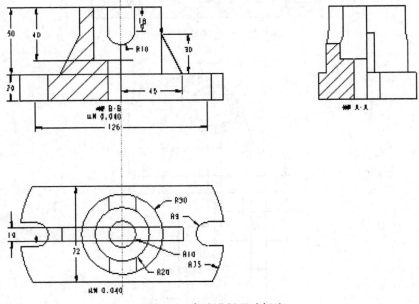

图 7-72 自动进行尺寸标注

(6) 直接在视图中选中多余的尺寸→长按右键→选择删除；或选取要删除的尺寸(可用 Ctrl+鼠标左键一次选中多个对象)，按 Delete 键删除尺寸。用鼠标左键将选取的尺寸数值拖动到合适的位置，完成支座工程图，如图 7-73 所示。自动投影视图不会产生中心线。可通过画线功能添加点画线，然后修改成符合我国国家标准的工程图。

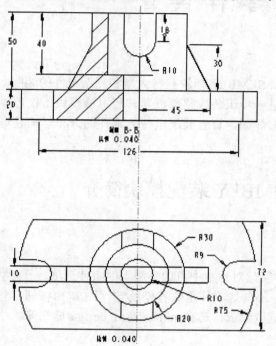
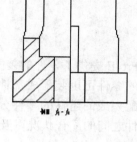

图 7-73　支座工程图

第8章　零件装配

　　Pro/E 提供了零件的装配工具，Pro/ASSEMBLY 模块支持大型和复杂组件的装配。设计完成的零件可以装配成部件，部件可以进一步组装成整部机器。利用该模块不仅可以自动将装配完成的组件的零件分离开，产生爆炸图，查看装配组件的零件的分布，而且可以分析零件之间的配合状况以及干涉情况。

8.1　Pro/ASSEMBLY 装配模块简介

8.1.1　装配菜单简介

　　单击文件→新建，在如图 8-1 所示的新建对话框中点选类型下的组件选项，子类型栏中选设计，在名称后输入非汉字的文件名，不勾选"使用缺省模板"，点击确定按钮，就会弹出如图 8-2 所示的新文件选项对话框，选取模板，选择 mmns_asm_design(即毫米、牛顿、秒)公制系统→确定，进入装配界面。

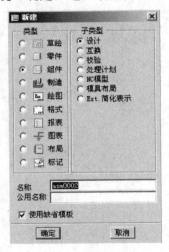

图 8-1　新建对话框

图 8-2　新文件选项对话框

　　注意：新建每一个装配图的方法都一样，以后不再详述。Pro/E 中的组件即装配。

　　零件装配的过程实际是给零件在组件中定位的过程，所以对零件定位中的各种配合命令的理解和使用就成为该部分的核心。

　　在如图 8-3 所示的插入下拉菜单中选择元件→装配，调入零件。

每调入一个零件，在界面左下部，系统就会自动打开如图 8-4 所示的元件放置操作板。点击放置按钮，就会自动打开如图 8-5 所示的元件放置设定对话框。

图 8-3　插入下拉菜单

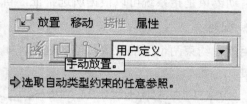

图 8-4　元件放置操作板

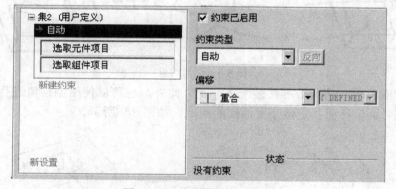

图 8-5　元件放置设定对话框

8.1.2　放置约束

放置约束就是指定元件参照，限制元件在装配体中的自由度，从而使元件完全定位到装配体中。约束方式如图 8-6 和图 8-7 所示。

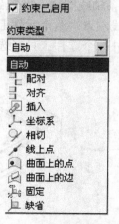

图 8-6　放置约束下拉菜单

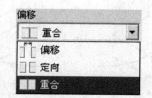

图 8-7　放置偏移方式下拉菜单

8.1.3 约束类型简介

约束的类型有：自动、配对、对齐、插入、坐标系、相切、线上点、曲面上的点、曲面上的边等。每种类型都不一定完全重合，可以加偏移(Offset)。

1. 自动

自动约束是指系统可以根据所选特征，自动选择各种约束类型。

2. 配对

用配对约束两个面的位置，使之重合，如图 8-8 所示。图中，1 为配对面，重复使用三次配对。

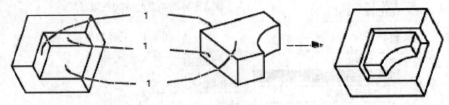

图 8-8 配对约束

三个面对应配对，将两个零件装配在一起。此外，也可以使用偏移值进行约束，使两个平面平行相对。偏移值决定两个平面间的距离，如图 8-9 所示。

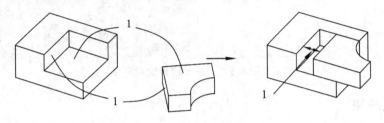

图 8-9 偏移配对约束

3. 对齐

对齐约束使两个平面共面(重合且朝向相同)，或使两条轴线同轴、两个点重合，可以对齐旋转曲面或者边，也可以对齐两个顶点、基准点或曲线端点。两个元件上选择的项目必须是同一类型，即如果在一个零件上选一个点，则在另外一个零件上只能选择一个点，如图 8-10 所示。图中，1 为平面对齐，2 为轴对齐。

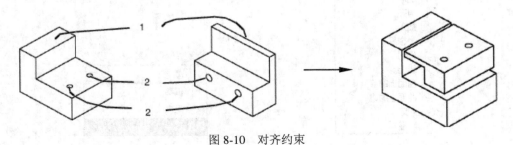

图 8-10 对齐约束

使用对齐，可以使两个平面以某个偏移对齐：平行且朝向相同，如图 8-11 所示。图中，1 为平面对齐，2 为配对，3 为平面偏移对齐，4 为偏移。

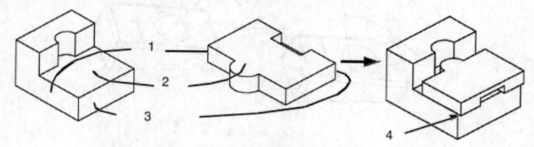

图 8-11　偏移对齐约束

4．插入

插入约束可将一个旋转曲面插入到另外一个旋转曲面中，且各自的轴线同轴。当轴线选取无效或不方便选取轴线时，可以使用该约束。插入约束如图 8-12 所示。图中，1 为平面对齐，2 为配对。

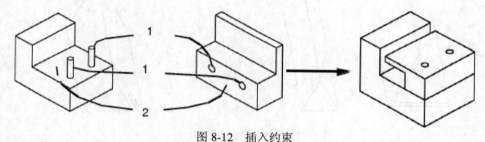

图 8-12　插入约束

5．坐标系

坐标系约束通过使元件的坐标系与组件的坐标系对齐(既可以使用组件坐标系，也可以使用零件坐标系)，将该元件放置在该组件中。可以从名称列表菜单中选取坐标系，也可以即时创建。这种约束通过对齐坐标轴的相应轴线来装配元件，如图 8-13 所示。图中，1 为零件坐标系，2 为组件坐标系，装配后两坐标系重合。

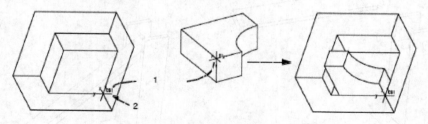

图 8-13　坐标系约束

6．相切

相切约束可控制两个曲面在切点的接触。注意，放置相切约束的功能类似于配对(Mate)，它配对曲面，但不对齐曲面。例如，约束一个凸轮与其传动装置之间的接触面或接触点，如图 8-14 所示。图中，1 为相切，2 为对齐，3 为圆锥曲面。

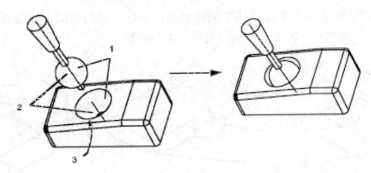

图 8-14 相切约束

7. 线上点

线上点约束用直线上的点约束控制边、轴线或者基准曲线与点之间的接触。在图 8-15 所示的示例中，系统将直线上的点与边对齐。

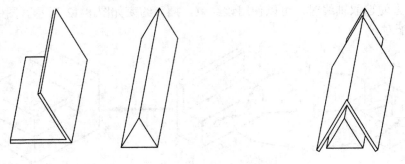

图 8-15 线上点约束

8. 曲面上的点

曲面上的点约束用曲面上的点控制曲面与平面之间的接触，可以用基准平面、零件平面或组件的曲面特征，或任何零件的实体曲面。如图 8-16 所示，系统将枢轴上的一条线边约束到门的一个平面上。

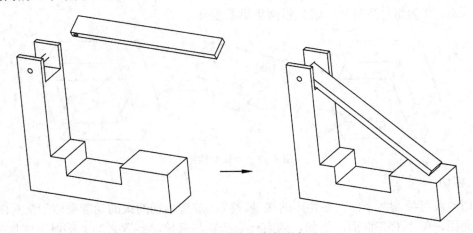

图 8-16 曲面上的点约束

9. 曲面上的边

曲面上的边约束用曲面上的边线控制曲面与平面之间的接触，可以将零件实体上曲面的一条边约束到一个平面上。

10. 固定

固定约束是将零件固定到当前位置，约束状态为完全约束。

11. 缺省

缺省是将零件参考系与装配坐标系对齐，约束状态为完全约束。

12. 基准平面约束

基准平面约束可以利用参照平面放置几种约束，如配对、对齐等，如图 8-17 所示。用户可以即时创建基准平面，并将其用于装配过程。参照平面约束与零件平面约束的方法一样，这里不再详细讲述。注：新版本 Pro/E 5.0 的菜单中无此项。

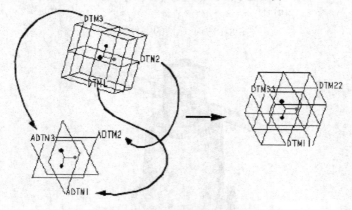

图 8-17 参照平面约束示意图

放置约束时要注意该约束指定的一对参照的相对位置。放置约束时应该遵守以下原则：

● 使用配对和对齐时，两个参照必须为同一类型，例如，旋转面对旋转面，平面对平面，点对点，轴对轴。

● 使用配对和对齐并输入偏移值后，系统将显示偏移方向。对于反向偏移，要用负偏移值。

● 系统一次只添加一个约束。例如，不能用一个对齐将一个零件上的两个孔与另外一个零件上的两个孔对齐，必须重复选取，定义两个不同的约束才行。

● 可以组合放置约束，以便完整地指定放置和定向位置。

8.2   利用零件装配关系组装装配体

8.2.1   装配千斤顶

将如图 8-18 所示的几个已做好的零件装配成如图 8-19 所示的千斤顶。

(a) 底座　　　　　　　　(b) 螺杆　　　　　　　　(c) 套

(d) 杆　　　　　　　　　　　　　(e) 帽

图 8-18　千斤顶的零件模型

图 8-19　千斤顶装配模型

1. 新建文件

单击文件→新建→组件→在文件名中输入 qianjinding→不勾选使用缺省模板→确定→mmns_asm_design(毫米、牛顿、秒)公制系统→确定，进入装配界面。

2. 放置第一个零件

单击插入→元件→装配。

在打开对话框中，选择 qian-dz.prt(底座)文件，点击打开，调入零件。

设置第一个零件的放置位置：在元件放置对话框中选取缺省，采用零件模型制作的默认基准与装配一致，如图 8-20 所示。

3. 放置第二个零件

单击插入→元件→装配。

在打开对话框中，选择 qian-tao.prt(套)，点击打开，在工作区内显示如图 8-21 所示的模型相对位置。

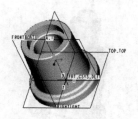
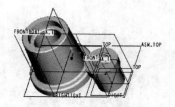

图 8-20　底座的放置位置　　　　　　　图 8-21　调入套相对位置

　　放置第二个零件的位置：在操作面板中选择放置→约束→配对→选择套的外圈下平面，→选择底座内孔的台阶面→在配对偏移输入框中输入 0，套向上移动，移至如图 8-22 所示的相对位置。

　　选择新建约束→约束类型为插入→选择套的外圆表面→选择底座内圆表面，装配好的安装套如图 8-23 所示。

图 8-22　套配对的位置　　　　　　　　图 8-23　插入安装套

4. 放置第三个零件

单击插入→元件→装配。

在打开对话框选择 qian-lg.prt(套)→选取预览→在工作区内显示如图 8-24 所示的模型。

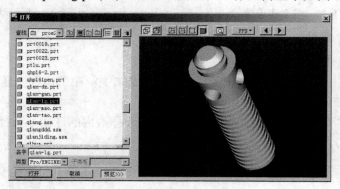

图 8-24　预览打开螺杆模型

　　在打开对话框中，选择 qian-lg.prt(套)，点击打开，调入零件，在工作区内显示如图 8-25 所示的模型相对位置。

　　放置第三个零件的位置：放置→约束→配对→选择螺杆的外圈下台面→选择底座上面→在配对偏移输入框中输入 15，向上移动螺杆。

　　选择新建约束→插入→选择螺杆的外圆面→选择底座的内圆面，安装螺杆，如图 8-26 所示。

图 8-25　螺杆的放置位置　　　　　　图 8-26　螺杆偏移配对、对齐安装

5. 放置第四个零件

单击插入→元件→装配。

在打开对话框中选择 qian-gan.prt(杆)→打开，调入零件，在工作区内显示模型。

放置第四个零件的位置：放置→约束→插入→选择杆的圆柱面→选择螺杆孔的内表面，相对位置如图 8-27 所示。

在元件放置操作板中选择移动项→用鼠标移动杆到安装位置，如图 8-28 所示。

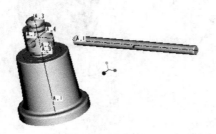

图 8-27　杆对齐安装　　　　　　　　图 8-28　杆移动

6. 放置第五个零件

单击插入→元件→装配。

在打开对话框中选择 qian-gai.prt(盖)→打开，调入零件，在工作区内显示如图 8-29 所示的模型相对位置。

放置第五个零件的位置：放置→约束→自动→选择盖内的球面→选择螺杆顶的球面，安装盖，如图 8-30 所示。

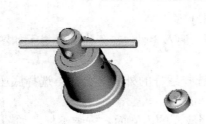

图 8-29　盖的放置位置　　　　　　　图 8-30　盖曲面配对安装

7. 生成爆炸(分解)图

在创建或打开一个完整的装配体后，单击视图→分解→分解视图，如图 8-31 所示。此时得到系统根据使用的约束自动分解的视图。当需要修改各个元件所处的位置时，可以选择视图→分解→编辑位置，出现如图 8-32 所示的分解位置对话框。在该对话框中设定运动类型(有平移、旋转、视图平面移动三种)，选择适当的移动方式，单击要移动的零件，然后点击图 8-32 中的参照按钮，选择适当的参照，用鼠标拖住零件上的移动点在屏幕上进行移动，使用同样的方法放置另外的零件，结果如图 8-33 所示。

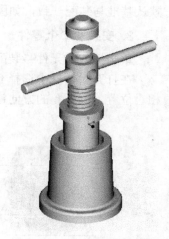

图 8-31　视图下拉菜单　　　　图 8-32　分解位置对话框　　　　图 8-33　千斤顶爆炸状态

8. 保存视图

选择视图(View)主菜单→视图管理器，切换到分解选项卡→单击新建按钮→在名字一栏输入 baozha 作为爆炸视图的名字→关闭，即可保存视图并退出视图的命名。

9. 切换分解状态及视图

在视图(View)主菜单的分解菜单下，可选择分解视图或取消分解视图来切换分解状态。

8.2.2　装配阀门

将如图 8-34 所示的三个已做好的零件装配成如图 8-35 所示的阀门。

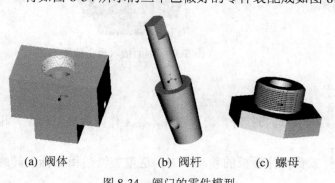

　(a)　阀体　　　　　(b)　阀杆　　　　(c)　螺母

图 8-34　阀门的零件模型　　　　　　图 8-35　阀门的装配模型

1. 新建文件

单击文件→新建→组件→在文件名中输入 famen(阀门)→不勾选使用缺省模板→确定→mmns_asm_design(毫米、牛顿、秒)→确定，进入装配界面。

2. 安装第一个零件

单击插入→元件→装配。

在打开对话框中选择 fati.prt(阀体)文件，点击打开，调入零件。

设置第一个零件的安装位置：在元件放置对话框中选缺省方式，采用零件模型制作的默认基准与装配一致，如图 8-36 所示。

3. 安装第二个零件

单击插入→元件→装配。

在打开对话框中选择 fagan.prt(阀杆)，点击打开，在工作区内显示如图 8-37 所示的模型相对位置，阀杆孔的方向错位 90°。

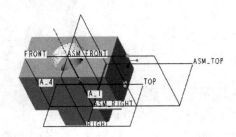

图 8-36　阀体基准与装配基准

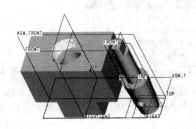

图 8-37　阀杆相对位置

在操作面板中选择放置→约束→对齐→选择阀杆上小孔的轴线→选择阀体上对应水平孔的轴线，阀杆移动并转向，如图 8-38 所示。

新建约束→插入→选择阀杆的外锥面→选择阀体孔的内锥面插入，重合位置如图 8-39 所示。

图 8-38　孔的轴线对齐

图 8-39　锥面插入重合位置

4. 安装第三个零件

单击插入→元件→装配。

在打开对话框中选择 luomu.prt(螺母)，选择打开，调入零件，在工作区内显示模型，相对位置如图 8-40 所示。

放置第三个零件的位置：在元件放置操作面板的移动项中，选取旋转，用鼠标旋转螺母，改变方向，如图 8-41 所示。

图 8-40　螺母相对位置

图 8-41　配对偏移方向

点击放置→约束→配对→选择螺母六方的下平面→选择阀体上面，显示偏移方向，如图 8-41 所示→在提示框中输入偏移 12→螺母向上移动，如图 8-42 所示。

图 8-42　螺母配对偏移相对位置

新建约束→对齐→选择螺母的轴线→选择阀杆的轴线，安装完毕，如图 8-43 所示。

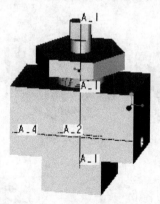

图 8-43　螺母对齐安装

8.2.3　装配减速器

将如图 8-44(a)～(l)所示的几个已做好的零件装配成如图 8-44(m)所示的减速器。

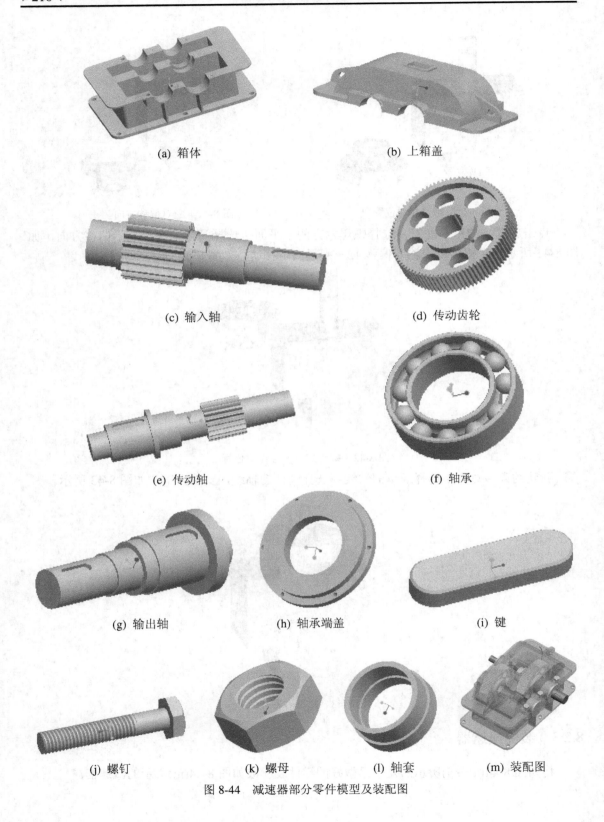

(a) 箱体

(b) 上箱盖

(c) 输入轴

(d) 传动齿轮

(e) 传动轴

(f) 轴承

(g) 输出轴

(h) 轴承端盖

(i) 键

(j) 螺钉

(k) 螺母

(l) 轴套

(m) 装配图

图 8-44 减速器部分零件模型及装配图

1. 放置箱体

单击插入→元件→装配。

在打开对话框中选择 xiangti.prt→选取打开，调入箱体。

放置箱体零件的位置：在元件放置对话框中，选缺省方式，采用零件模型制作的默认基准与装配一致，如图 8-45 所示。

2. 放置输入轴

单击插入→元件→装配。

在打开对话框中选择 shuruzhou.prt→选取打开，调入输入轴。

放置输入轴的位置：连接类型为用户定义→放置→输入轴轴线与输入轴安装孔的轴线对齐配合→输入轴台阶面与箱体内部左侧面配对配合，如图 8-46 所示。

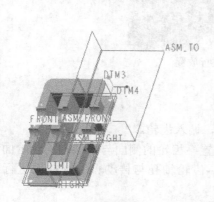

图 8-45 缺省放置箱体

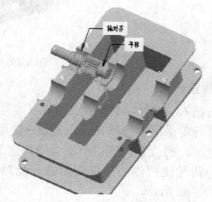

图 8-46 对输入轴进行销钉连接

3. 放置传动轴和输出轴

单击插入→元件→装配。

在打开对话框中选择 chuandongzhou.prt→选取打开，调入传动轴。

放置传动轴的位置：连接类型为用户定义→放置→传动轴轴线与传动轴安装孔的轴线对齐配合→传动轴台阶面与箱体内部左侧面配对配合，如图 8-47 所示。

采用同样的方法定义输出轴的销钉连接，如图 8-48 所示。

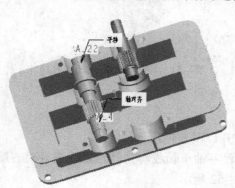

图 8-47 对传动轴进行销钉连接

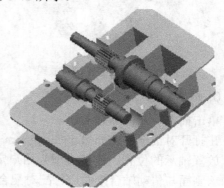

图 8-48 对输出轴进行销钉连接

4. 放置键

单击插入→元件→装配。

在打开对话框中选择 pingjian.prt→选取打开，调入键。

放置键的位置：连接类型为用户定义→放置→键的下平面和侧面依次与键槽的底面和侧面进行配对配合→键的半圆侧面与键槽的半圆侧面进行插入配合，如图 8-49 所示。

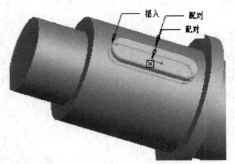

图 8-49　对键进行放置

5. 放置齿轮

单击插入→元件→装配。

在打开对话框中选择 dachilun.prt→选取打开，调入齿轮。

放置齿轮的位置：连接类型为用户定义→放置→齿轮的侧面与传动轴的台阶面进行配对配合→齿轮键槽侧面与键侧面进行配对配合→齿轮轴孔与传动轴的圆柱面进行插入配合，如图 8-50 所示。

采用同样的方法添加输出轴上键与齿轮的装配，装配效果如图 8-51 所示。

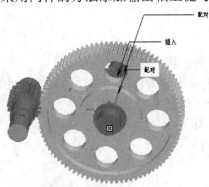

图 8-50　对传动齿轮进行放置

图 8-51　添加输出轴上的键和齿轮

6. 放置轴承

单击插入→元件→装配。

在打开对话框中选择 zhoucheng.asm→选取打开，调入轴承。

放置轴承的位置：连接类型为用户定义→放置→轴承轴线与传动轴轴线进行对齐配合→轴承侧面与传动轴台阶面进行配对配合，如图 8-52 所示。

采用同样的方法添加其余位置的轴承装配，装配效果如图 8-53 所示。

图 8-52　对轴承进行放置

图 8-53　添加完成所有轴承

7. 放置轴承端盖

单击插入→元件→装配。

在打开对话框中选择 duangai.prt→选取打开，调入轴承端盖。

放置轴承端盖的位置：连接类型为用户定义→放置→轴承端盖外圆面与传动轴圆柱面进行插入配合→轴承端盖台阶面与箱盖轴承座部位的端面进行配对配合→轴承端盖螺钉孔与箱盖轴承座部位的螺纹孔进行插入配合，如图 8-54 所示。

采用同样的方法添加其余位置的轴承端盖装配，装配效果如图 8-54 所示。

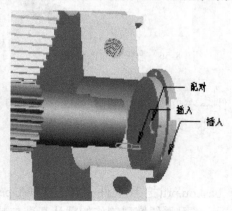

图 8-54　对轴承端盖进行装配

8.2 4   装配枪体

将如图 8-55 所示的几个已做好的零件装配成如图 8-56 所示的部分枪体。

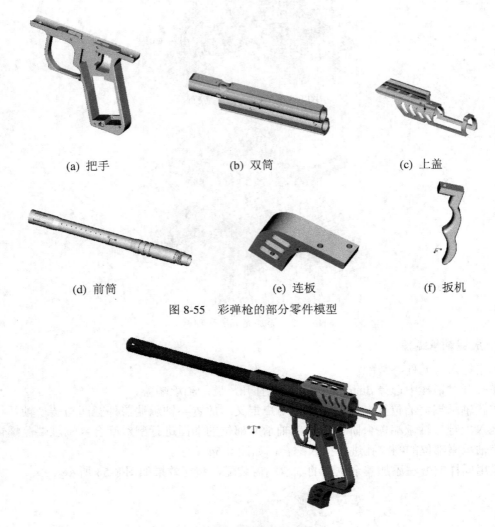

(a) 把手   (b) 双筒   (c) 上盖

(d) 前筒   (e) 连板   (f) 扳机

图 8-55   彩弹枪的部分零件模型

图 8-56   彩弹枪的部分模型

1. 新建文件

单击文件→新建→组件→在文件名中输入 qiang→不勾选使用缺省模板→确定
→mmns_asm_design(毫米、牛顿、秒)→确定，进入装配界面。

2. 安装第一个零件

单击插入→元件→装配。

在打开对话框中，选择 bashou.prt(把手)文件→点击打开(Open)，调入零件→在元件放
置操作板中选择缺省方式放置，采用零件模型制作的默认基准与装配一致，如图 8-57 所示。

3. 安装第二个零件

单击插入→元件→装配。

在打开对话框中选择 shuangtong.prt(双筒)→点击打开→在工作区内显示如图 8-58 所示的模型相对位置，双筒的方向相反。

图 8-57　把手基准与装配基准重合

图 8-58　双筒相对位置

放置第二个零件的位置：放置→约束→自动→选择双筒下弧面→选择把手上弧面→双筒向上移动并对齐，相对位置如图 8-59 所示。

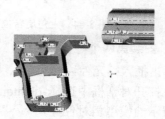

图 8-59　双筒对齐后的相对位置

新建约束→选择双筒上后面小孔的轴线→选择把手上对应孔的轴线并对齐，如图 8-60 所示。

新建约束→选择双筒上前面小孔的轴线→选择把手上对应孔的轴线并对齐，改变双筒方向，如图 8-61 所示。

图 8-60　双筒后孔对齐位置　　　　　　　　图 8-61　双筒前孔对齐位置

4. 安装第三个零件

单击插入→元件→装配。

在打开对话框中选择 gai.prt(上盖)→打开→在工作区内显示模型，相对位置如图 8-62 所示。

放置第三个零件的位置：放置→约束→自动→选择上盖的外曲面→选择双筒的外曲面，上盖上移的重合位置如图 8-63 所示。

图 8-62　上盖相对位置　 图 8-63　上盖上移的重合位置

在元件放置对话框中选移动选项→选取旋转，用鼠标旋转上盖，改变方向，如图 8-64 所示→选取转变/移动，用鼠标移动上盖到安装位置，如图 8-65 所示。

图 8-64　上盖旋转位置　 图 8-65　上盖移动位置

5. 安装第四个零件

单击插入→元件→装配。

在打开对话框中选择 qiantong.prt(前筒)→选择打开，调入零件→在工作区内显示如图 8-66 所示的模型相对位置。

放置第四个零件的位置：放置→约束→自动→选择前筒的轴线→选择双筒上孔的轴线对齐，前筒上移位置如图 8-67 所示。

图 8-66　前筒相对位置　 图 8-67　前筒上移重合位置

新建约束→选择前筒上欲与双筒配合的端面→选择双筒的前端面重合，安装到位，如图 8-68 所示。

图 8-68　前筒重合位置

6. 安装第五个零件

单击插入→元件→装配。

在打开对话框中选择 lianban.prt(连板)→打开，调入零件→在工作区内显示如图 8-69 所示的模型相对位置。

放置第五个零件的位置：放置→约束→自动配对→选择连板上欲与把手配合的端面→选择把手的下面重合→改变连板方向，移动位置，如图 8-70 所示。

新建约束→选择连板前面小孔的轴线→选择把手上对应孔的轴线对齐→改变连板方向，安装到位，如图 8-71 所示。

图 8-69　连板相对位置

图 8-70　连板配对位置

图 8-71　连板孔重合位置

7. 安装第六个零件

单击插入→元件→装配。

在打开对话框中选择 banji.prt(扳机)→打开，调入零件→在工作区内显示如图 8-72 所示的模型相对位置。

放置第六个零件的位置：放置→约束→自动配对→选择扳机上欲与把手配合的前端面→选择把手的对应面重合，扳机移动位置如图 8-73 所示。

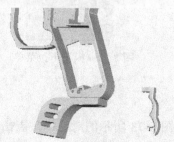

图 8-72　扳机相对位置

图 8-73　扳机移动位置

在元件放置操作面板的移动项中选取旋转→用鼠标旋转扳机，改变方向→选取转变，用鼠标移动扳机到安装位置，如图 8-74 所示。

8. 切换爆炸状态及视图

在视图(View)主菜单下选择爆炸/分解(Exploded)，观看切换爆炸状态，如图 8-75 所示。

图 8-74　扳机旋转位置　　　　　　　　　　图 8-75　部分枪体爆炸图

8.3　检测装配元件之间的间隙

在组件/装配的模式下，在如图 8-76 所示的分析下拉菜单中，选择模型，得到如图 8-77 所示的模型下拉菜单。通过该下拉菜单可以分析并计算组件质量属性，检测零件之间及组件中任意两个曲面之间的间隙和干涉等，以便检查装配是否达到预期的要求，或者零件的设计是否有出入，为修改设计提供信息。下面以千斤顶为例进行分析。

图 8-76　分析下拉菜单　　　　　　　　　　图 8-77　模型下拉菜单

8.3.1　组件质量属性

在模型下拉菜单中，选取质量属性，将显示如图 8-78 所示的对话框，点击计算，将显示体积、曲面面积、平均密度、质量、重心等结果。

8.3.2 检测装配元件之间的配合间隙

在模型下拉菜单中，选取配合间隙，将显示配合间隙对话框，用于选择子组件、曲面或者图元，以检测间隙或干涉。在千斤顶中，点击计算，结果显示如图 8-79 所示。

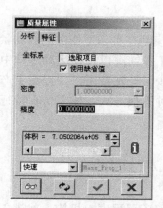

图 8-78 质量属性对话框

图 8-79 配合间隙对话框

8.3.3 检测装配全局间隙

在模型分析下拉菜单中，选取全局间隙，将显示全局间隙对话框，用于查找小于指定间隙距离的所有零件或子组件。在千斤顶中，点击计算，结果显示如图 8-80 所示。

8.3.4 检测装配全局干涉

在模型分析下拉菜单中，选取全局干涉，将显示全局干涉对话框，用于查找所有干涉的零件或子组建。在千斤顶中，点击计算，结果显示如图 8-81 所示。

注意：分解视图仅仅是修饰，对间隙计算没有影响。

图 8-80 全局间隙对话框

图 8-81 全局干涉对话框

第 9 章　机构运动仿真

Pro/E 5.0 提供了机构运动仿真模块，可以模拟模型在实际工作中的运动状态。设计完成的装配体通过运动仿真，可直观地表达出机构的工作情况以及在运动过程中有可能出现的缺陷，使产品设计的开发周期大大缩短，同时减少了开发费用，并提高了产品设计的质量。本章将重点介绍在机构运动仿真模块下创建各种连接方式，建立仿真特征，并对仿真结果进行输出。

9.1　机构运动仿真模块简介

首先打开预进行仿真的装配体，在主菜单中选取应用程序→机构，就进入了运动仿真界面，如图 9-1 所示。

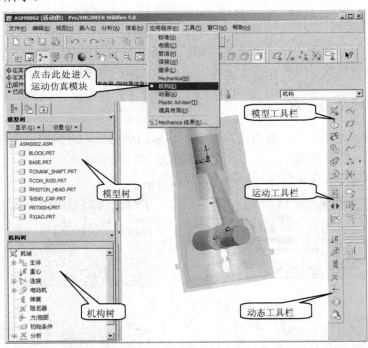

图 9-1　运动仿真界面

进入运动仿真环境后，窗口右侧工具栏中各个按钮的含义如下：

机构图标显示　：定义当前快捷栏中各个图标的可见性。

凸轮连接 ：定义凸轮机构连接类型，并对已定义的凸轮连接进行创建、修改和删除。

3D 接触连接 ：定义 3D 接触机构连接类型。

齿轮副连接 ：定义齿轮副机构连接类型，控制两个连接轴之间的速度关系。

传送带连接 ：定义传送带机构连接类型。

伺服电动机 ：定义伺服电动机，规定机构以特定的方式运行，为分析做准备。

机构分析 ：向机构中添加建模图元(如电动机、力、扭矩和重力)，创建分析定义，同时保存结果到指定的回放序列中。

回放 ：回放运行过的运动分析，查看机构中零件的干涉情况，将结果输出，显示力和扭矩对机构的影响以及在分析期间测量的值。

测量 ：定义测量结果，运行和保存一个或多个分析结果，并绘制相应的图表。

重力 ：定义重力的大小及方向。

执行电动机 ：对平移或旋转的连接轴施加外力，使其产生特定类型的负荷。

弹簧 ：在机构中定义弹簧要素，使其产生线性弹力。

阻尼器 ：指定受力对象，用来模拟机构上真实的力。

力/扭矩 ：模拟机构与外部实体接触时产生的影响。

初始条件 ：定义位置或速度的初始条件，对机构进行动态分析。

质量属性 ：定义质量属性，确定应用力如何影响速度和位置，分别由密度、体积、质量和重心等参数组成。

9.2　连接类型

在进行机构运动仿真前，首先应建立装配模型的连接类型，通过不同的连接方式限制元件与组件之间特定的运动方式，为后续机构的运动分析做准备。

在装配环境中，将元件调入装配约束界面，选择元件放置控制面板中的使用约束定义约束集的下拉列表，如图 9-2 所示。

从图 9-2 中可以看出，连接类型有刚性、销钉、滑动杆、圆柱、平面、球、焊缝、轴承、一般、6DOF 和槽共 11 种连接类型。

连接就是把元件与元件之间通过一定的连接方式组合起来，限制其部分自由度，在元件之间建立一个确定的相对运动关系。

在装配环境中，不同连接类型的定义如下：

刚性：限制元件所有自由度。

销钉：使元件只能绕参考轴线方向进行旋转运动。例

图 9-2　约束集下拉菜单

如，丝杠运动轴对齐通过对元件上的轴线进行对齐，约束了元件的 2 个旋转自由度和 2 个平移自由度。

滑动杆：仅保留元件沿指定方向的一个移动自由度。例如，滑块运动轴对齐通过对元

件上的轴线进行对齐，约束了元件的 2 个旋转自由度和 2 个平移自由度，旋转限制滑块相对于参考移动方向上的旋转运动。

圆柱：与销钉连接较为相似，保留了沿参考轴线上的旋转自由度和平移自由度。

平面：限制元件只能在指定元件的平面上进行移动。该连接方式保留了 2 个移动自由度和 1 个旋转自由度。

球：通过点对齐方式限制元件 3 个平移自由度，保留 3 个以指定参考点为旋转中心的旋转自由度。

焊缝：限制元件所有自由度，如焊接结构。

轴承：通过点对齐方式限制 2 个移动自由度，同时保留 3 个旋转自由度和 1 个沿参考线方向的移动自由度。

一般：由用户自定义连接方式组合，限制或保留所需自由度。

6DOF：根据两个元件的坐标系定义其相对位置，属于完全限制自由度的类型。

槽：通过线上点对齐连接方式限制 2 个移动自由度。

9.3　创建运动模型

9.3.1　添加伺服电动机

伺服电动机能够为机构提供驱动力，通过对机构添加伺服电动机可以实现旋转或平移运动。

添加伺服电动机的方法如下：

选择装配好的装配体→选择应用程序机构，进入机构运动仿真模块→单击定义伺服电动机 ，弹出伺服电动机定义对话框，如图 9-3 所示。

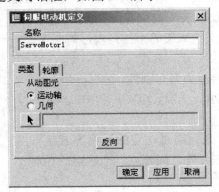

图 9-3　伺服电动机定义对话框

在名称一栏输入定义的伺服电动机的名称，在类型标签中显示了添加伺服电动机从动图元的两种类型。

从动图元包括下列两种类型：

(1) 运动轴伺服电动机：用于定义旋转运动，通过驱动一个由连接定义的旋转轴进行旋转运动，并设定方向。运动轴伺服电动机用于运动分析。

（2）几何伺服电动机：用于定义复杂运动，首先选取从动件上的一个点或一个平面，并选取另一个主体上的一个点或一个平面作为运动参照，这样在确定运动方向及种类后，就可获得几何伺服电动机的设置效果，如图 9-4 所示。几何伺服电动机不能用于运动分析。

在轮廓标签中可以定义运动的方式，其中包括位置、速度、加速度 3 种时间定义函数的方式，通过模量可定义其大小。模可以选择常数、斜坡等多种类型，如图 9-5 所示。

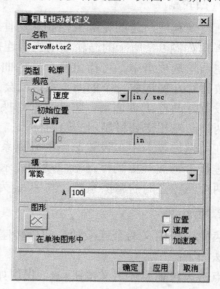

图 9-4　几何伺服电动机的设置效果　　　　图 9-5　伺服电动机定义对话框

点击图形按钮可以选择所需的参数，以图形的形式显示各个参数随时间的变化规律，如图 9-6 所示。

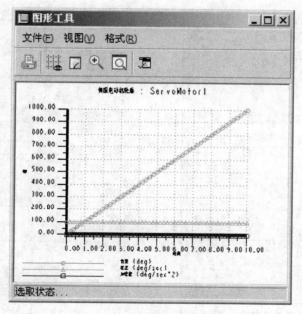

图 9-6　图形工具显示框

9.3.2 运动副设置

运动副是指两个接触的构件所组成的可动的连接，它定义了两个构件之间的相对运动特征。Pro/E 5.0 提供了 3 种运动副形式，其中传送带运动副在此不作介绍。

1. 凸轮副

凸轮副利用凸轮的轮廓来控制从动件进行运动。其设置方法如下：点击凸轮定义按钮，弹出如图 9-7 所示的凸轮从动机构连接定义对话框。

在凸轮选项卡中，可指定两个凸轮曲面或曲线，若启用自动选取，则需指定多个相邻面，按住 Ctrl 键选取一个曲面，系统就会自动捕捉与选择面相切的全部曲面。

设置好凸轮 1 曲面后，将选项卡切换到凸轮 2 选项卡，选取另一个凸轮曲面或曲线，此时两个凸轮相交处将显示凸轮图标。

在属性选项卡中可设置凸轮的升离系数和摩擦系数等参数。启动升离选项，从动件在运动过程中可离开主动件；不启动则表示从动件与主动件始终接触。启动升离选项后，可设置两个凸轮之间的摩擦系数，其中 us 为静摩擦系数，uk 为动摩擦系数。

2. 齿轮副

齿轮副可定义两个连接轴之间旋转速度的关系，用来模拟齿轮系统的仿真运动。其设置方法如下：

点击齿轮副连接定义按钮，出现如图 9-8 所示的齿轮副定义对话框。在类型一栏中可选择齿轮副类型。由于篇幅所限，本书仅介绍一般齿轮副的定义方法。

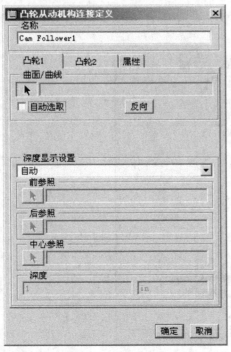
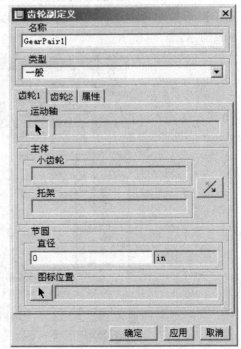

图 9-7　凸轮从动机构连接定义对话框　　　　　图 9-8　齿轮副定义对话框

　　在齿轮 1 选项卡中，单击选取运动轴按钮 ▶，在装配体中选取齿轮 1 的旋转轴，系统将自动捕捉到该齿轮和托架，同时在齿轮 1 处显示齿轮副图样。

　　设置完齿轮 1 后，切换到齿轮 2 选项卡中，其设置方法与齿轮 1 完全相同。

　　在属性选项卡中，通过用户定义和节圆直径两种方法来定义齿轮副的齿轮比。选择节圆直径项，可返回齿轮 1 和齿轮 2 分别输入两个齿轮的齿数；选择用户定义项，则直接在列表下方输入齿轮比。

　　依次点击应用、确定，完成齿轮副连接的定义。

9.3.3　执行电动机

1. 定义运动分析

　　运行定义好的伺服电动机，可对机构进行运动分析。点击分析定义按钮 ⬛，弹出如图9-9 所示的分析定义对话框。

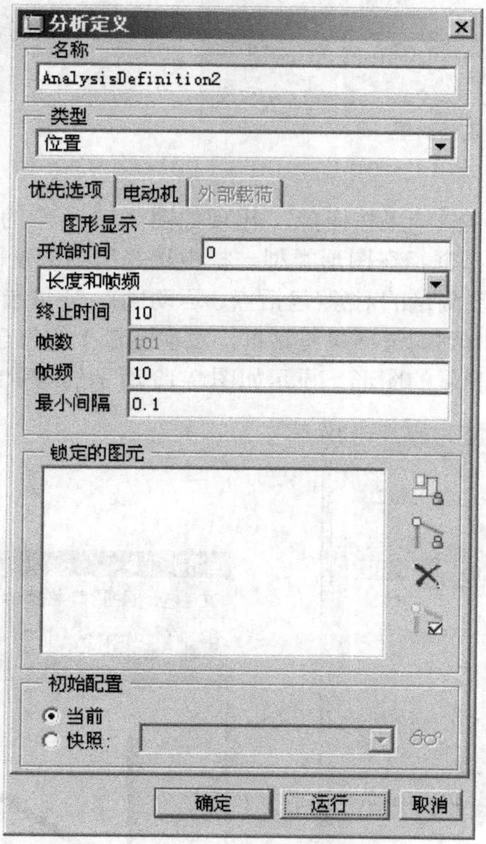

图 9-9　分析定义对话框

　　在名称一栏中输入当前分析的名称，在类型一栏内选择分析类型为位置。在优先选项中可以自行设定开始时间、帧数和帧频等动画参数。切换到电动机选项卡，选择预设定的电动机，点击运行，即可观察装配体的运动动画仿真。然后点击确定，退出。

2. 获得分析结果

1) 回放分析

点击回放分析命令 ◀▶，出现如图 9-10 所示的回放对话框，选择结果集，里面列出了所有运行过的运动结果，选中某一个运动运行结果，点击回放按钮 ◀▶，弹出如图 9-11 所示的动画对话框，点击 ▶ ，即可观看运动仿真过程。

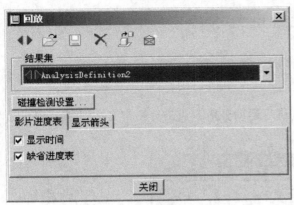

图 9-10　回放对话框 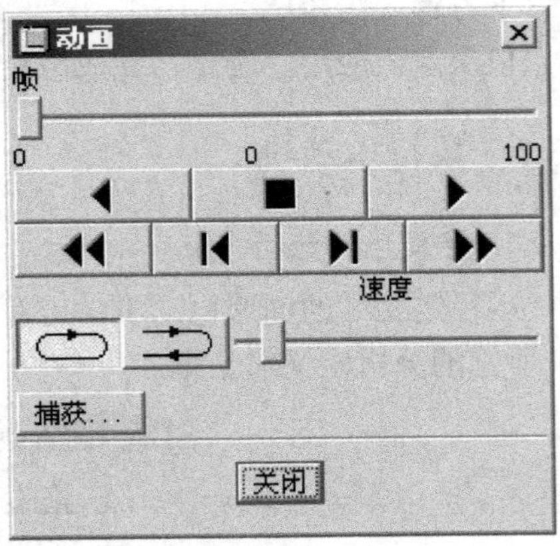　　　　　　　　图 9-11　动画对话框

2) 测量结果分析

点击工具栏里的分析测量结果按钮 ⊠，出现如图 9-12 所示的测量结果对话框。点击新建图标，弹出测量定义对话框，在图形类型一栏中选择所要测量的类型。定义完测量类型后，点击 � ，选择所需要测量的对象(包括点、运动轴)，分量选择模，评估方法选择每个时间步长。点击确定，退出到测量结果对话框，发现测量 1 的值已被列出。点击左上角 ⊠ 按钮，选定结果集中需要测量的图形，显示如图 9-13 所示的测量结果图形。

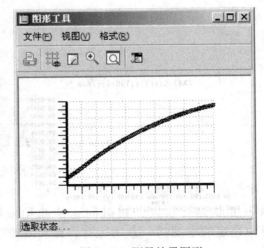

图 9-12　测量结果对话框　　　　　　图 9-13　测量结果图形

9.4　机构运动仿真实例

本节以曲柄滑块结构体的运动仿真为例进行介绍。

1. 新建文件

单击文件→新建→组件→设计→在文件名中输入 qubinghuakuai→不勾选使用缺省模板→确定→mmns_asm_design(毫米、牛顿、秒)→确定，进入装配界面。

2. 放置第一个零件

单击插入→元件→装配。

在打开对话框中选择 block.prt 文件→点击打开，调入零件。

设置第一个零件的放置位置：在元件放置对话框中选取缺省，采用零件模型制作的默认基准与装配一致，如图 9-14 所示。

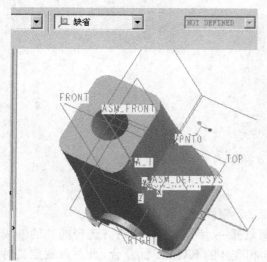

图 9-14　设置第一个零件的放置位置

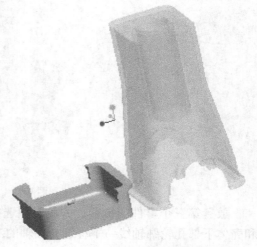

图 9-15　调入第二个零件

3. 放置第二个零件

单击插入→元件→装配。

在打开对话框中选择 base.prt→点击打开→在工作区内显示如图 9-15 所示的模型相对位置。

放置第二个零件的位置：放置→约束→配对→选择壳体的下平面→选择基座的上表面。

选择新建约束→约束类型为对齐→选择壳体的最左侧边沿→选择基座的最左侧边沿。

选择新建约束→约束类型为对齐→选择壳体的最前侧边沿→选择基座的最前侧边沿。

点击 ✔，装配好的基座如图 9-16 所示。

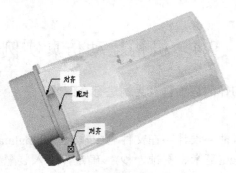

图 9-16　装配第二个零件

4. 放置第三个零件

单击插入→元件→装配。

在打开对话框中选择 crank_shaft.prt→点击打开，调入零件，在工作区内显示如图 9-17 所示的模型相对位置。

图 9-17　调入第三个零件

放置第三个零件的位置：约束类型选择销钉连接→点击放置→轴对齐选择曲轴的轴线和壳体下部孔轮廓轴线→平移选择曲轴的对称面和壳体的 FRONT 面重合，此时放置定义对话框下侧的约束状态为完成连接定义，如图 9-18 所示。点击 ✔，装配好的曲轴如图 9-19 所示。

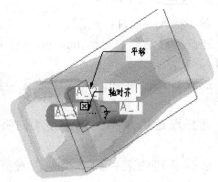

图 9-18　定义曲轴的连接类型　　　　　图 9-19　装配好的曲轴

5. 放置第四个零件

单击插入→元件→装配。

在打开对话框中选择 piston_head.prt→打开，调入零件，在工作区内显示模型如图 9-20 所示。

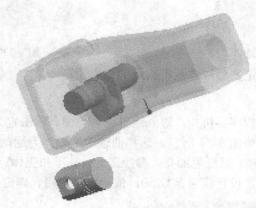

图 9-20　调入滑块零件

放置第四个零件的位置：约束类型选择用户定义→放置→对齐选择滑块的柱面轴线和壳体的圆形缸面轴线→新建约束→对齐选择滑块的 RIGHT 基准面和壳体的 RIGHT 基准面→选择螺杆孔的内表面。

点击移动，进入移动选项卡→运动类型选择平移→用鼠标左键点击滑块并拖动到合适位置，点击 ✔，装配好的滑块如图 9-21 所示。

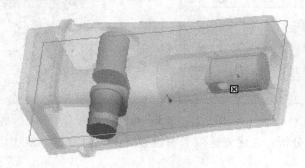

图 9-21　装配好的滑块

6. 放置第五个零件

单击插入→元件→装配。

在打开对话框中选择 con_rod→打开，调入零件，在工作区内显示如图 9-22 所示的模型相对位置。

放置第五个零件的位置：约束类型选择销钉连接→点击放置→轴对齐选择连杆下端柱面轮廓的轴线和曲轴偏轴轴线→平移选择曲轴的对称面和连杆的 FRONT 面重合。

点击新建集，定义连杆与滑块的销钉连接→轴对齐选择连杆上端通孔的轴线和滑块连接孔的轴线→平移选择滑块的 FRONT 面和连杆的 FRONT 面重合，如图 9-23 所示。

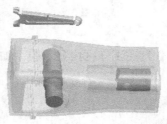

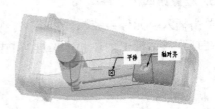

图 9-22　调入连杆　　　　　　　　　　　　图 9-23　装配连杆

完成机构的装配连接定义后，进入机构运动仿真模块。

7. 运动仿真

在主菜单中选取应用程序→机构，进入运动仿真界面。单击定义伺服电动机 ⟳，弹出伺服电动机定义对话框，如图 9-24 所示。选择曲轴的主轴作为运动轴，运动方向由洋红色箭头显示，驱动图元（曲轴）以橙色加亮，参照图元（基座和壳体）以绿色加亮。点击轮廓选项卡，设置规范为速度，设置模为常数 50，依次点击应用、确定，完成添加电动机。

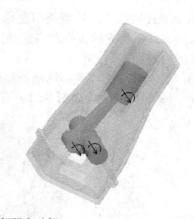

图 9-24　定义伺服电动机

点击 ⚙ 进行机构分析，在优先选项卡中设置终止时间为 20，点击运行，查看机构仿真运动。

点击 ◀▶，弹出如图 9-25 所示的对话框，点击 💾 按钮，将当前结果集保存到磁盘中。

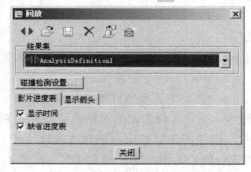

图 9-25　保存运动仿真结果集

附　录

附录 A　计算机绘图国家标准

《机械制图用计算机信息交换制图规则》GB/T 14665－93 中的制图规则适用于在计算机及其外围设备中显示、绘制、打印机械图样和有关技术文件时使用。

1. 图线的颜色和图层

计算机绘图图线颜色和图层的规定参见表 A-1。

表 A-1　计算机绘图图线颜色和图层的规定

图线名称及代号	线型样式	图线层名	图线颜色
粗实线 A	————————	01	白色
细实线 B	————————	02	红色
波浪线 C	∿∿∿	02	绿色
双折线 D	—⟋⟍—	02	蓝色
虚线 F	– – – – –	04	黄色
细点画线 G	—— · —— · ——	05	蓝绿/浅蓝
粗点画线 J	—— ▬ —— ▬ ——	06	棕色
双点画线 K	—— ·· —— ·· ——	07	粉红/橘红
尺寸线、尺寸界线及尺寸终端形式	⊢————⊣	08	—
参考圆	⊶→	09	—
剖面线	⁄⁄⁄⁄⁄⁄⁄	10	—
字体	ABCD 机械制图	11	—
尺寸公差	123±4	12	—
标题	KLMN 标题	13	—
其他用	其他	14、15、16	—

2. 图线

图线是组成图样的最基本要素之一，为了便于机械制图与计算机信息的交换，国家标准将 8 种线型(粗实线、粗点画线、细实线、波浪线、双折线、虚线、细点画线、双点画线)分为 5 组。一般 A0、A1 幅面采用第 3 组要求，A2、A3、A4 幅面采用第 4 组要求，具体数值参见表 A-2。

表 A-2 计算机制图线宽的规定

组 别	1	2	3	4	5	一 般 用 途
线宽/mm	2.0	1.4	1.0	0.7	0.5	粗实线、粗点画线
	0.7	0.5	0.35	0.25	0.18	细实线、波浪线、双折线、虚线、细点画线、双点画线

3. 字体

字体是技术图样中的一个重要组成部分。国家标准(GB/T 13362.4—92 和 GB/T 13362.5—92)规定图样中书写的字体，必须做到：

字体端正   笔画清楚   间隔均匀   排列整齐

(1) 字高：字体高度与图纸幅面之间的选用关系参见表 A-3。该规定是为了保证当图样缩微或放大后，其图样上的字体和幅面总能满足标准要求而提出的。

表 A-3 计算机制图字高的规定   mm

图幅 字高 字体	A0	A1	A2	A3	A4
汉字	7	5	3.5	3.5	3.5
字母与数字	5	5	3.5	3.5	3.5

(2) 汉字：输出时一般采用国家正式公布和推行的简化字。

(3) 字母：一般应以斜体输出。

(4) 数字：一般应以斜体输出。

(5) 小数点：输出时应占一位，并位于中间靠下处。

附录 B   机械制图国家标准

中华人民共和国的国家标准《机械制图》是 1959 年首次颁布的，以后又做了多次修改。本附录将根据最新国家标准《技术制图与机械制图》摘要介绍其中有关图纸幅面、比例、字体、图线、尺寸标注等内容的基本规定。

1. 图纸幅面和格式(GB/T 14689－1993)[①]

绘制技术图样时，应优先采用表 B-1 中规定的基本幅面，必要时允许加长幅面，加长部分的尺寸，请查阅 GB/T 14689－1993。

表 B-1　图 纸 幅 面　　　　　　mm

幅面代号	A0	A1	A2	A3	A4
尺寸 B×L	841×1189	594×841	420×594	297×420	210×297
e	20			10	
c	10			5	
a	25				

1) 图框格式

在图纸上必须用粗实线画出图框，其格式分为不留装订边和留有装订边两种，如图 B-1 所示，它们各自的周边尺寸见表 B-1。但应注意：同一产品的图样只能采用一种格式。

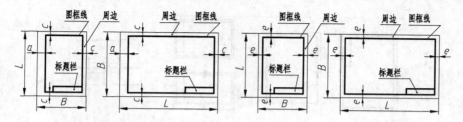

(a) 留有装订边图纸的图框格式　　　　　(b) 不留装订边图纸的图框格式

图 B-1　图框格式

2) 标题栏

每张图纸上都必须画出标题栏。标题栏的格式和尺寸按 GB 10609.1－1989 的规定绘制，一般由更改区、签字区、其他区、名称及代号区组成，如图 B-2 所示。

标题栏的位置一般应位于图纸的右下角，其看图的方向与看标题栏的方向一致，如图 B-1 所示。为了利用预先印制好的图纸，也允许将标题栏置于图纸的右上角。在此情况下，若看图的方向与看标题栏的方向不一致，应采用方向符号。

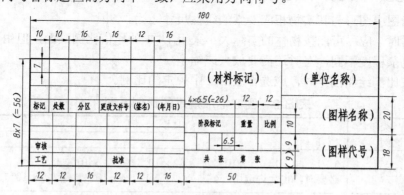

图 B-2　标题栏的尺寸与格式

---

① "GB" 是国家标准的缩写，"T" 是推荐的缩写，"14689" 是该标准的编号，"1993" 表示该标准是 1993 年发布的。

在学习期间，建议采用图 B-3 所示的标题栏格式。

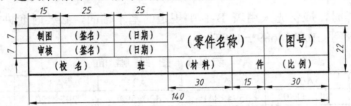

图 B-3　学习期间采用的标题栏格式

3) 附加符号

(1) 对中符号。为了在图样复制和微缩摄影时定位方便，应在图纸各边长的中点处分别画出对中符号。对中符号用短粗实线绘制，线宽不小于 0.5 mm，长度从纸边界开始伸入图框内约 5 mm。当对中符号处在标题栏范围内时，伸入标题栏部分省略不画，如图 B-4 所示。

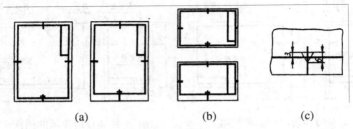

(a)　　　　　　　　　(b)　　　　　　　　　(c)

图 B-4　对中符号与方向符号

(2) 方向符号。当标题栏位于图纸右上角时，为了明确绘图与看图的方向，应在图纸的下边对中符号处画出一个方向符号，其所处位置如图 B-4(a)、(b)所示。方向符号是用细实线绘制的等边三角形，其大小如图 B-4(c)所示。

在图样中绘制方向符号时，其方向符号的尖角应对着读图者，即尖角为看图的方向，但标题栏中的内容及书写方向仍按常规处理。

2. 比例(GB/T 14690—1993)

比例是指图中图形与其实物相应要素的线性尺寸之比。

绘制图样时，应尽可能按物体的实际大小采用 1∶1 的原值比例画面，但由于物体的大小及结构的复杂程度不同，有时还需要放大或缩小。

当需要按比例绘制图样时，应选择表 B-2 中规定的比例。

表 B-2　国家标准规定的比例系列

种　　类	比　　例
原值比例	1∶1
放大比例	$5∶1$　　$2∶1$　　$5×10^n∶1$　　$2×10^n∶1$　　$1×10^n∶1$ 必要时，也允许选用：$4∶1$　　$2.5∶1$　　$4×10^n∶1$　　$2.5×10^n∶1$
缩小比例	$1∶2$　　$1∶5$　　$1∶10$　　$1∶(2×10^n)$　　$1∶(1.5×10^n)$　　$1∶(1×10^n)$ 必要时，也允许选用：$1∶1.5$　　$1∶2.5$　　$1∶3$　　$1∶4$　　$1∶6$ $1∶(1.5×10^n)$　　$1∶(2.5×10^n)$　　$1∶(3×10^n)$　　$1∶(4×10^n)$　　$1∶(6×10^n)$

注：n 为正整数。

比例一般应标注在标题栏中的比例栏内。必要时，可在视图名称的下方或右侧标注比例，如 $\dfrac{I}{2:1}$、$\dfrac{A}{1:100}$、$\dfrac{B-B}{2.5:1}$、平面图 1：100。

图 B-5 表示同一物体采用不同比例画出的图形。

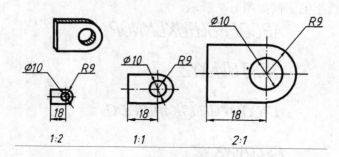

1:2　　　　　　1:1　　　　　　2:1

图 B-5　用不同比例画出的图形

3. 字体(GB/T 14691—1993)

字体是图样中的一个重要部分。国家标准规定图样中书写的字体必须做到字体工整，笔画清楚，间隔均匀，排列整齐。

1) 字高

字体高度(用 h 表示)的公称尺寸系列为 1.8 mm、2.5 mm、3.5 mm、5 mm、7 mm、10 mm、14 mm、20 mm。当需要书写更大的字时，其字体高度应按 $\sqrt{2}$ 的比率递增。字体高度代表字体的号数。例如，10 号字即表示高为 10 mm。

2) 汉字

汉字应写成长仿宋体字，并应采用中华人民共和国国务院正式公布推行的《汉字简化方案》中规定的简化字。汉字的高度 h 不应小于 3.5 mm，其字宽一般为 $h/\sqrt{2}$。例如，10 号字的字宽约为 7.1 mm。

书写长仿宋体汉字的要领是：横平竖直，起落分明，结构均匀，粗细一致，呈长方形。长仿宋体汉字的示例如图 B-6 所示。

10号字
字体工整　笔画清楚　间隔均匀

7号字
横平竖直　注意起落　结构均匀　填满方格

5号字
技术要求　机械制图　电子工程　汽车制造　土木建筑

图 B-6　长仿宋体汉字的示例

3) 字母和数字

字母和数字分为 A 型和 B 型两类。其中，A 型字体的笔画宽度 d 为字高的 1/14，B 型

字体的笔画宽度 d 为字高的 1/10。在同一张图样上，只允许选用一种类型的字体。

字母和数字可写成斜体或直体，一般采用斜体。斜体字的字头向右倾斜，与水平基准线成 75°。

技术图样中常用的字母有拉丁字母和希腊字母两种，常用的数字有阿拉伯数字和罗马数字两种。字母和数字的示例如图 B-7 所示。

ABCDEFGHIJKLMNOP

QRSTUVWXYZ

abcdefghijk lmnopq

rstuvwxyz

0123456789

Ⅰ Ⅱ Ⅲ Ⅳ Ⅴ Ⅵ Ⅶ Ⅷ Ⅸ Ⅹ

图 B-7　字母和数字的示例

4. 图线(GB/T 17450－1998)

图线是指起点和终点间以任何方式连接的一种几何图形，形状可以是直线或曲线、连续线或不连续线。图线的起点和终点可以重合，例如一条图线形成圆时的情况。

当图线长度小于或等于图线宽度的一半时，称为点。

1) 线型

GB/T 17450－1998 中规定了 15 种基本线型的代号、型式及其名称，见表 B-3。

表 B-3　15 种基本线型的代号、型式及其名称

代号 No.	基本线型	名　称
01	———————	实线
02	- - - - - - - - - - -	虚线
03	— — — — —	间隔画线
04	— · — · — · —	点画线
05	— · · — · · —	双点画线
06	— · · · — · · · —	三点画线
07	· · · · · · · · · · · ·	点线
08	— · — · — · —	长画短画线
09	— · · — · · —	长画双短画线
10	— — · — — ·	画点线
11	— — · — — ·	双画单点线
12	— — · · — — · ·	画双点线
13	— — · · — — · ·	双画双点线
14	— · · · — · · ·	画三点线
15	— — · · · — — · · ·	双画三点线

表 B-4 中列出了绘制工程图样时常用的图线名称、图线型式、图线宽度及其主要用途。图 B-8 所示为图线的应用举例。

表 B-4　常用的工程图线名称及主要用途

图线名称	图线型式	代号	图线宽度	主要用途
粗实线		A	d	可见轮廓线，可见过渡线
细实线		B	约 $d/2$	尺寸线、尺寸界线、剖面线、辅助线 重合断面的轮廓线、引出线 螺纹的牙底线及齿轮的齿根线
波浪线		C	约 $d/2$	断裂处的边界线 视图和剖视图的分界线
双折线		D	约 $d/2$	断裂处的边界线
虚线		F	约 $d/2$	不可见的轮廓线 不可见的过渡线
细点画线		G	$d/2$	轴线、对称中心线、轨迹线 齿轮的分度圆及分度线
粗点画线		J	d	有特殊要求的线或表面的表示线
双点画线		K	$d/2$	相邻辅助零件的轮廓线、中断线 极限位置的轮廓线、假想轮廓线

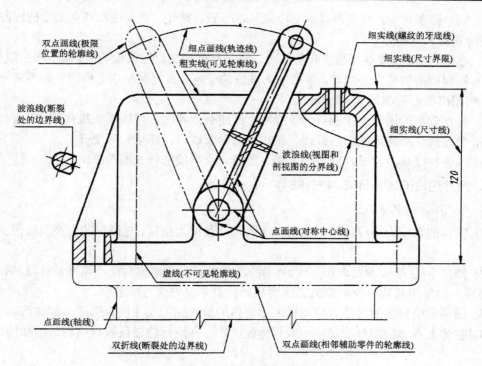

图 B-8　图线的应用举例

2) 线宽

所有线型的图线宽度应按图样的类型和尺寸大小在下列数系中选择：

0.3 mm，0.18 mm，0.25 mm，0.35 mm，0.5 mm，0.7 mm，1 mm，1.4 mm，2 mm
该数系的公比为 $1:\sqrt{2}$ （$\approx 1:1.4$）。

机械图样中的图线分为粗线型和细线型两种。粗线型宽度 d 应根据图形大小和复杂程度在 $0.5\sim 2$ mm 之间选取，细线型的宽度约为 $d/2$。

3) 图线的画法和注意事项(见图 B-9)

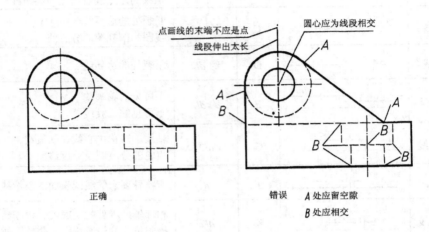

图 B-9　图线画法示例

(1) 同一张图样中，同类图线的宽度应基本一致。虚线、点画线和双点画线的线段长短和间隔应各自大致相等。

(2) 虚线、点画线或双点画线和粗实线或它们自己相交时应线段相交，而不应空隙相交。

(3) 绘制圆的对称中心线时，圆心应为线段的交点，首尾两端应是线段，而不是短画或点，且应超出图形轮廓线 $2\sim 5$ mm。

(4) 当在较小的图形上绘制点画线或双点画线有困难时，可用细实线代替。

(5) 当虚线、点画线或双点画线是粗实线的延长线时，连接处应空开。

(6) 当各种线条重合时，应按粗实线、虚线、点画线的优先顺序画出。

5. 尺寸注法(GB/T 4458.4—1984)

1) 尺寸标注的基本规则

(1) 物体的真实大小应以图样上所标注的尺寸数值为依据，与图形的大小及绘图的准确度无关。

(2) 图样中(包括技术要求和其他说明)的尺寸以 mm 为单位时，不需标注计量单位的代号或名称。如采用其他单位，则必须注明相应计量单位的代号或名称。

(3) 图样中所标注的尺寸为该图样所示物体的最后完工尺寸，否则应另加说明。

(4) 物体上各结构的每一尺寸一般只标注一次，并应标注在反映该结构最清晰的图表上。

2) 尺寸的组成形式

图样上标注的每一个尺寸，一般都由尺寸界线、尺寸线和尺寸数字三部分组成，其相互关系如图 B-10 所示。

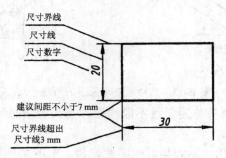

图 B-10　尺寸的组成形式

(1) 尺寸界线。尺寸界线用细实线绘制，并应从图形的轮廓线、轴线或对称中心线处引出。也可利用轮廓线、轴线或对称中心线作尺寸界线，如图 B-11 所示。

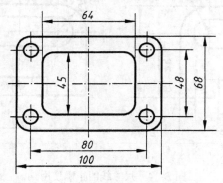

图 B-11　尺寸界线的正确使用

尺寸界线一般应与尺寸线垂直，当尺寸界线贴近轮廓线时，允许尺寸界线与尺寸线倾斜。在光滑过度处标注尺寸时，必须用细实线将轮廓线延长，从它们的交点处引出尺寸界线，如图 B-12 所示。

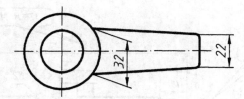

图 B-12　尺寸界线的正确使用

(2) 尺寸线。

① 尺寸线用细实线绘制，其终端可以有箭头和斜线两种形式。

一般机械图样的尺寸线终端采用箭头形式(小尺寸标注除外)，土建图样的尺寸线终端采用斜线的形式，如图 B-13 所示。当尺寸线与尺寸界线相互垂直时，同一张图样中只能采用一种尺寸终端的形式。

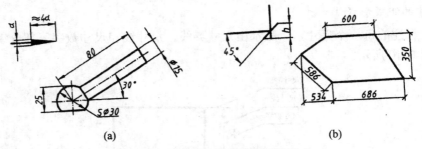

图 B-13　尺寸线终端采用的两种形式

注意：在同一图样中箭头与短斜线不能混用，箭头尖端必须与尺寸界线接触，不得超出，也不得分开。

② 尺寸线必须单独画出，不能用其他图线代替，也不能与其他图线重合或画在其延长线上。尺寸引出标注时，不能直接从轮廓线上转折，如图 B-14 所示。

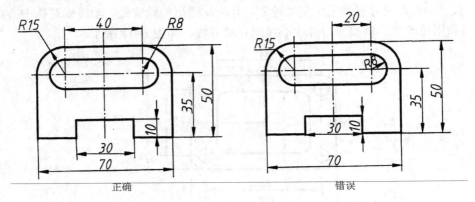

图 B-14　尺寸线的正确使用

(3) 尺寸数字。线性尺寸的数字一般应注写在尺寸线的上方，也允许注写在尺寸线的中断处。但是同一张图纸只能采用一种形式。当位置不够时，也可以引出标注，如图 B-15 中的 $SR5$。尺寸数字不可被任何图线所通过，当无法避免时，必须将该图线断开，如图 B-15 中的 $\phi 20$、$\phi 28$ 和 $\phi 16$。

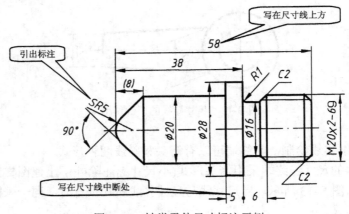

图 B-15　轴类零件尺寸标注示例

　　尺寸数字的方向一般应采用图 B-16(a)所示的方法注写，尽可能避免在图示 30° 范围内标注尺寸，当无法避免时可按图 B-16(b)所示的形式标注。

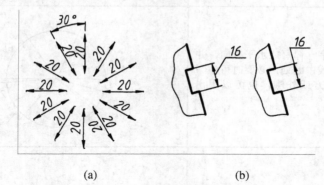

(a)　　　　　　　　　　　　　(b)

图 B-16　线性尺寸数字标注方法

3) 各类尺寸注法

表 B-5 列出了一些常用的尺寸注法。

表 B-5　各类尺寸的基本注法

项目	说　　　明	图　　　例
线性尺寸	(1) 尺寸线必须与所标注的线段平行。 (2) 两平行的尺寸线之间应留有充分的空隙，以便填写尺寸数。 (3) 标注两平行的尺寸应遵循"小尺寸在里，大尺寸在外"的原则	
直径与半径尺寸	(1) 标注整圆或大半圆的非整圆尺寸时，尺寸线要通过圆心，以圆周轮廓线为尺寸界线，尺寸数字前加注直径符号"ϕ"。 (2) 标注小于或等于半圆的尺寸时，应在尺寸数字前加注半径符号"R"。 (3) 当圆弧的半径过大或在图纸范围内无法标注其圆心位置时，可采用折线形式；若圆心位置不需注明，则尺寸线可只画靠近箭头的一段	
球面尺寸	(1) 标注球面的直径尺寸或半径尺寸时，应在符号"ϕ"或"R"前加注符号"S"，如图(a)所示。 (2) 对于螺钉、铆钉的头部、轴和手柄的端部等，在不致引起误解的情况下，可省略符号"S"，如图(b)所示	

续表

项目	说　　明	图　　例
角度尺寸	角度的数字一律写成水平方向，并注写在尺寸线中断处，必要时可注写在尺寸线上方或外侧，也可以引出标注	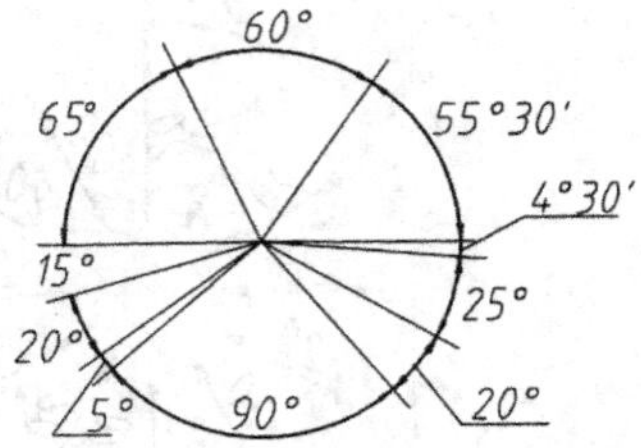
对称图形	当对称机件的图形只画出一半或略大于一半时，尺寸线应略超过对称中心线或断裂处的边界线，并在尺寸线一端画出箭头	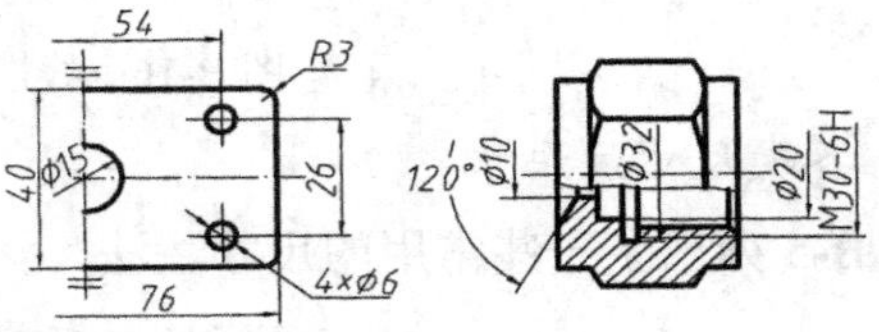
方头结构	表示断面为正方形结构尺寸时，可在正方形尺寸数字前加注符号"□"，如□14，或用 14×14 代替 □14	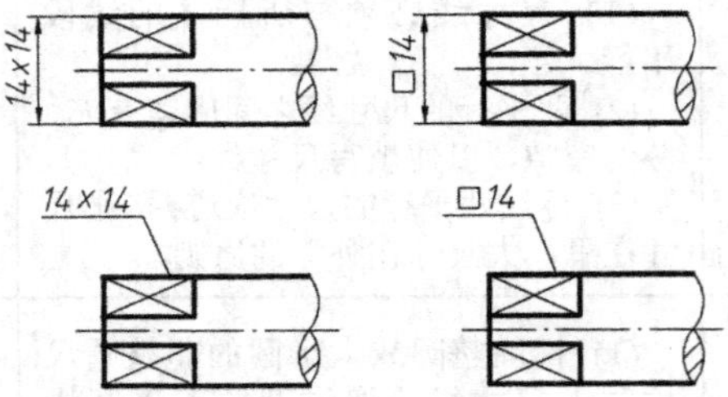
小尺寸	(1) 在没有足够位置画箭头或注写尺寸数字时，可将箭头或数字布置在外面，也可将箭头和数字都布置在外面。 　　(2) 几个小尺寸连续标注时，中间的箭头可用斜线或圆点代替	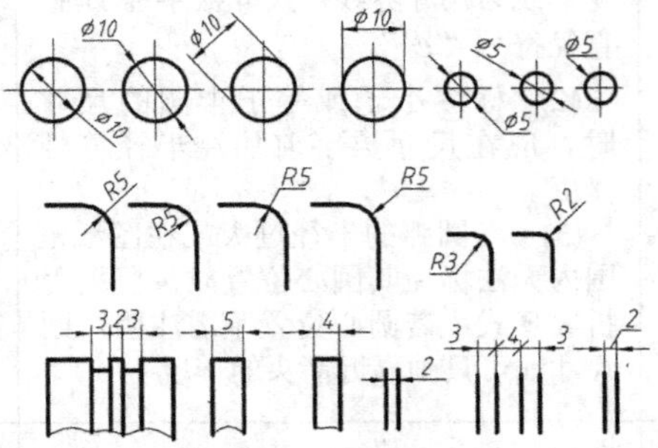

附录 C　投影平面工程图

　　为了保证工程图符合我国的国家标准、生产规格及行业习惯，本附录将介绍投影的基本知识、三视图的形成及投影规律、六个基本视图及机械工程制图中的一些绘图常识，以便提高绘图的准确性。

1. 投影

物体在光的照射下会在平面上产生影子，这种自然现象引出了投影的概念。不同的光源，不同的投影方向，投影的平面图形效果也不同。下面首先介绍常用投影的分类。

(1) 中心投影法：如图 C-1 所示，光源为一点，投影光线发射出去，投影平面视图，将物体放大。在日常生活中，人们在照相、电影、绘画时看到的都是中心投影现象。在工程中，中心投影法主要用于建筑透视图。

(2) 平行投影法：如图 C-2 所示，光源为一组平行的光线。根据投影光线是否垂直于投影面又分为正投影和斜投影，即投影方向垂直于投影面的为正投影，投影方向倾斜于投影面的为斜投影。在机械工程制图中使用的主要是正投影，故下面只列出正投影的投影特性。

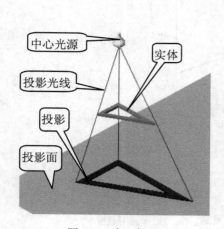

图 C-1　中心投影法

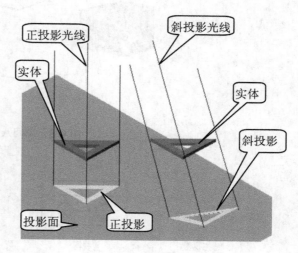

图 C-2　平行投影法

① 实形性。物体上平行于投影面的直线，其投影反映直线的实长；平行于投影面的平面，其投影反映平面的实形。

② 积聚性。物体上垂直于投影面的直线，其投影积聚成为一点；垂直于投影面的平面，其投影积聚成一直线。

③ 缩变性。物体上倾斜于投影面的直线，其投影小于直线的实长；倾斜于投影面的平面，其投影小于平面的实际形状，且缩变为该平面的类似形。

2. 空间八角体系投影

为了投影平面视图，人们把空间用三个投影平面，即正面(FRONT)、侧面(RIGHT)和水平面(TOP)分为八个角，如图 C-3 所示。欧美一些国家采用第三角投影(好像拓印一样)，其默认的六个基本投影视图展开图的摆放位置如图 C-4 所示。

我国沿用苏联的方式采用第一角投影。在有些国家这两种方法可并用。当按标准的位置摆放投影视图时不需要注明视图名称，否则需要注明。一般国外的软件，如 UG、Pro/E 等默认的投影视图采用第三角投影自动投影视图，而 AutoCAD 没有自动投影视图，并且每个投影视图之间没有相互关系，所以较自由，由用户自己定义。

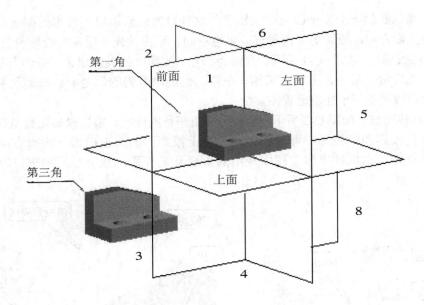

图 C-3　空间八角体系

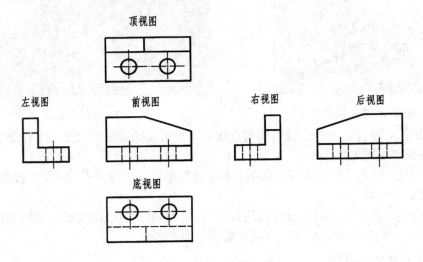

图 C-4　第三角投影图的标准摆放位置

3. 三视图的形成及其投影规律

由于我国标准投影视图采用第一角投影，因此这里主要介绍第一角投影的三视图及其投影规律。投影视图是将立体模型在一个方向投影成平面图，三视图是将物体放在第一角投影中，如图 C-5 所示，同时向三个方向投影成平面图，如图 C-6 所示，当主(第一个)视图的位置确定后，其他的视图就确定了。因为一般物体由三个视图就能表达清楚形状，所以工程图中常采用三视图。

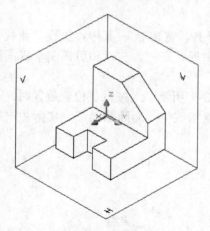

图 C-5　物体放置在第一角投影中

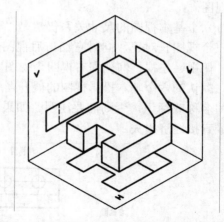

图 C-6　物体在第一角投影中向三个方向投影

三视图正投影面(用 V 表示)的正投影是从前向后投影，称为主视图；水平投影面(用 H 表示)的水平投影是从上向下投影，称为俯视图；侧面投影面(用 W 表示)的侧投影是从左向右投影，称为左视图。因三投影面体系是空间的，在图纸上不好表达，所以将水平投影面与侧面投影面之间沿 Y 轴剪开，水平投影面绕 X 轴向下旋转 90°，侧投影面绕 Z 轴向后旋转 90°，如图 C-7 所示。这样三视图就可以放在一张纸上表达了，如图 C-8 所示。

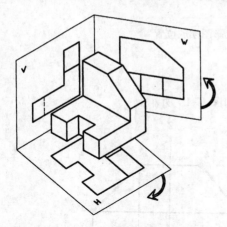

图 C-7　水平投影面与侧面投影面的展开方向

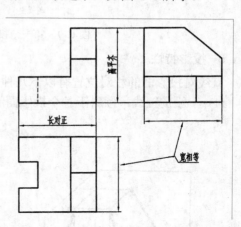

图 C-8　三视图在一张纸上的标准位置

要注意三视图的投影规律：

　　　　主视图–左视图：高平齐
　　　　俯视图–左视图：宽相等
　　　　主视图–俯视图：长对正

其高低、左右不能随便放置。

4. 六个基本视图

当形体复杂、三个视图表达不清楚时，可再增加三个投影面，即把六面体的六个面作为基本投影面，所得的六个视图称为基本视图，如图 C-9 所示。其中："仰视图"是从下向上投影所得的视图；"右视图"是从右向左投影所得的视图；"后视图"是从后向前投影所得的视图。

六个基本视图的尺寸关系仍然是"长对正，高平齐，宽相等"。其中：主视、俯视、仰视三个视图长对正，同时它们与后视图长度相等；主视、左视、右视和后视四个视图高平齐；俯视、左视、仰视和右视四个视图宽相等。

默认的六个基本投影视图的展开摆放位置如图 C-9 所示。当按默认位置放置时，不需要写名称或标识，否则需要注明。如果绘图者不注意摆放位置而随意绘图，实际生产时会造成直接经济损失。

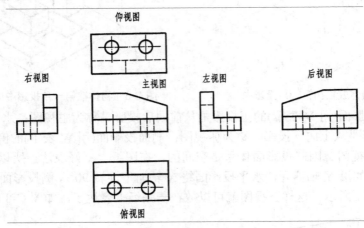

图 C-9　第一角投影默认的投影图摆放位置

5. 投影特性

直线对投影面的相对位置有以下几种：

(1) 一般位置线：倾斜于各个投影面的直线，如图 C-10 所示。

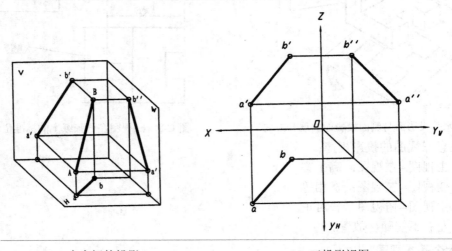

(a) 在空间的投影　　　　　　　(b) 三投影视图

图 C-10　一般位置线的投影

(2) 投影面的平行线：平行于一个投影面。其投影特点是：平行线在它所平行的投影面上的投影反映实长，能反映对投影面的倾角。

投影面的平行线又分为以下三种：

正平线：平行于 V 面的线，如图 C-11 所示。

水平线：平行于 H 面的线。

侧平线：平行于 W 面的线。

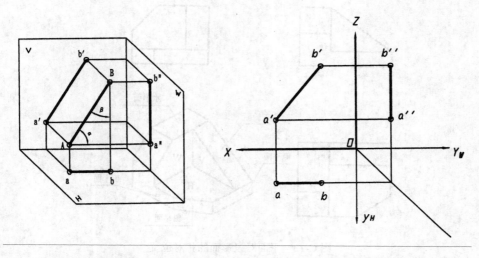

(a) 正平线在空间的投影　　　　　　(b) 正平线的三投影视图

图 C-11　正平线的投影

(3) 投影面的垂直线：只垂直于一个投影面的直线，且同时平行于另外两个投影面。

正垂线：垂直于 V 面的线，如图 C-12 所示。

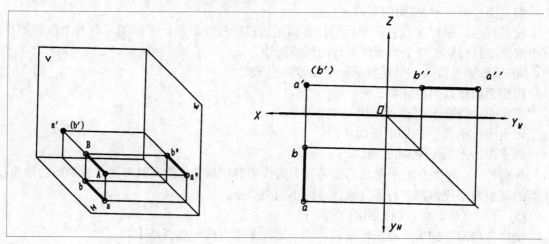

(a) 正垂线在空间的投影　　　　　　(b) 正垂线的三投影视图

图 C-12　正垂线的投影

铅垂线：垂直于 H 面的线。

侧垂线：垂直于 W 面的线。

垂直线在它所垂直的投影面上的投影都具有积聚性，可积聚成点；平行于另外两个投影面的直线(其他两个投影分别平行于两投影轴)反映实长。

(4) 平面立体上的面的投影。平面对投影面的相对位置如图 C-13 所示。

① 一般位置平面：倾斜于各个投影面的平面。故它的各个投影既没有积聚性，也不反映真形，且都具有缩变性，是缩小的类似形。

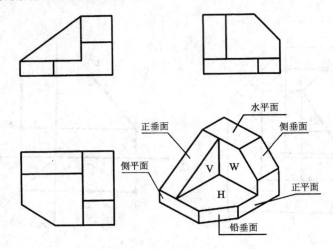

图 C-13　平面对投影面的相对位置

② 投影面平行面：平行于一个投影面，同时必垂直于另外两个投影面的平面。

投影面的平行面分为三种：

正平面：平行于 V 面的平面。

水平面：平行于 H 面的平面。

侧平面：平行于 W 面的平面。

投影特点：平行面在它所平行的投影面上的投影反映真形；平面的其他两个投影都具有积聚性，且分别平行于该平面平行的两投影轴。

③ 投影面垂直面：只垂直于一个投影面的平面。

投影面的垂直面也分为三种：

正垂面：垂直于 V 面的平面。

铅垂面：垂直于 H 面的平面。

侧垂面：垂直于 W 面的平面。

投影特点：平面在它所垂直的投影面上的投影有积聚性；能反映平面对投影面的倾角；平面的其他两个投影都具有缩变性，是缩小的类似形。

(5) 平面立体上点、线、面的关系。

平面内取点：如果一点在平面内，则一定在平面内的一条直线上。

平面内取线：如果一条直线在平面内，则一定通过平面内的两个点。

6. 剖视图的画法

在视图中，不可见的内部结构用虚线表示。当内部结构比较复杂时，太多的虚线会影响图形的清晰，造成画图、读图的困难。为此，国家标准画法规定用剖视图表达机件内部结构的形状，如图 C-14 所示。

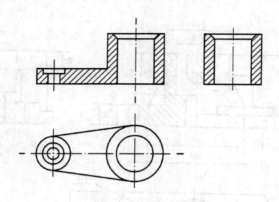

图 C-14　剖视图

(1) 确定剖切平面的位置。一般用投影面平行面作为剖切平面，如图 C-15 所示，这样可使剖切后的内部结构反映实形。此外，还需使剖切平面通过机孔、重要的轴线或机件的对称平面。

(2) 画剖视图的轮廓。用粗实线画出剖切平面剖切机件实体后所得截断面的轮廓和剖切平面后面结构的可见轮廓。

(3) 画剖面符号。

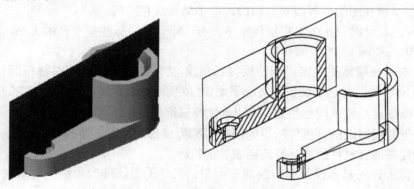

图 C-15　剖切平面及剖切位置

画剖视图时应注意的问题有如下几点：

(1) 剖切平面必须垂直于投影面。

(2) 剖切平面是假想的，一个视图画成剖视图后，其他视图仍按完整的机件画出。

(3) 剖视图中必须画出剖切面后面可见部分的全部投影。

(4) 采用剖视图后，机件的内部结构已表达清楚，该部分结构的其他视图中的虚线可以省略。

剖切平面完全剖开机件所得的剖视图称为全剖视图，如图 C-15 所示。全剖视图用于外形比较简单、内部形状比较复杂的不对称机件。

当机件对称时，可以对称中心线为界，一半画成剖视图，另一半画成视图，这样所得的图形称为半剖视图，如图 C-16 所示。

半剖视图适用于内外形状均需表达，且具有对称平面的机件。

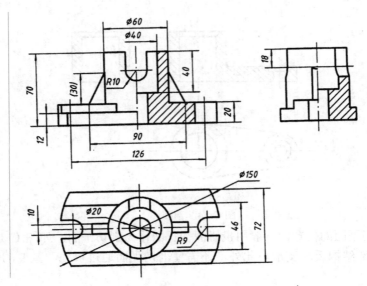

图 C-16 半剖视图

画半剖视图时应注意的问题有：

(1) 在半个视图中表达内形的虚线均可以省略。

(2) 视图与剖视图的分界线是点画线，而不能画成粗实线。

(3) 在标注尺寸时，孔虽然在剖视图中只有一半，但应标注整个孔的大小，此时尺寸线只画一个箭头，如图 C-16 中的 $\phi 40$。

剖视图中的一项重要规定：当肋板被纵剖(剖切平面通过肋板的对称平面)时不画剖面线，但横剖(剖切平面垂直于肋板的对称平面)时必须画出剖面线，如图 C-17 的左视图所示。

注意：该规定是我国国标规定，在 Pro/E 等三维软件中不能直接实现。

用剖切平面局部地剖开机件所得的剖视图称为局部剖视图，如图 C-17 的左视图中的小孔。局部剖视图适合机件的内外形均需表达的机件。

用不平行于任何基本投影面的剖切平面剖切机件的方法称为斜剖，用来表达机件倾斜结构的内形。

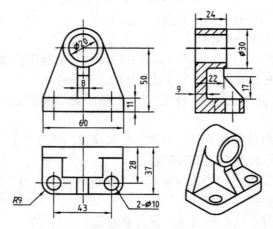

图 C-17 肋板在纵剖时不画剖面线

用两个相交的剖切平面剖开机件的方法称为旋转剖，如图 C-18 所示。旋转剖用来表达具有明显轴线、分布在两相交平面上的内形。

用几个平行的剖切平面剖开机件的方法称为阶梯剖，用来表达机件在几个平面上的不同层次的内形，如图 C-19 所示。

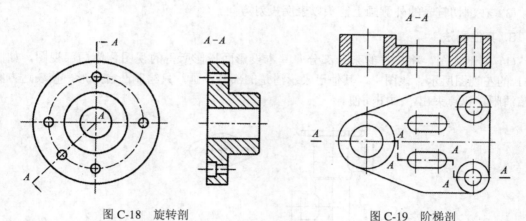

图 C-18　旋转剖　　　　　　　　　图 C-19　阶梯剖

除旋转剖、阶梯剖以外，用组合的剖切平面剖开机件的方法称为复合剖，用来表达内形较为复杂且分布在不同位置的机件。

7. 剖(断)面图的画法

剖(断)面图是指用剖切平面将物体的某处切剖，仅画出该剖切面与物体接触部分的图形，如图 C-20 所示。

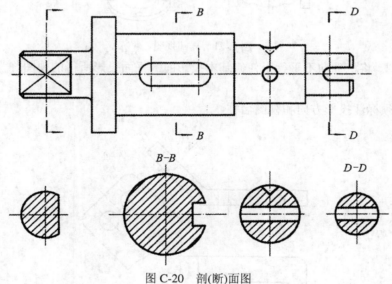

图 C-20　剖(断)面图

剖面图也可简称为剖面或断面图。

剖面图不同于剖视图，它只需要画出剖面区域内的形状即可。剖面图的配置比较灵活，一般应就近配置在视图上剖切位置处。剖面图与剖视图相同，所画的剖面符号要符合

GB/T 17453－1998 的规定。

剖面图的标注也含有三个要素：

(1) 标注剖面图的名称"X–X"（"X"为大写拉丁字母）。

(2) 在相应的视图上用剖切符号表示剖切位置，并标注相同的字母。

(3) 在剖切符号的外侧画上箭头以表明投射方向。

8. 其他画法

(1) 局部视图。将机件的某一部分向基本投影面投影所得的视图称为局部视图，如图 C-21 的左视图所示。该图中，其他已表示清楚的部分不画，只绘制凸台外形，使表达方案简洁清晰，重点突出，画图简便。

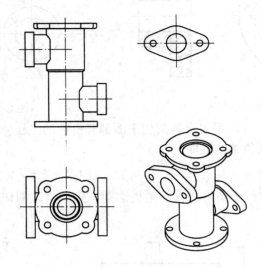

图 C-21　局部视图

(2) 斜视图。将机件向不平行于任何基本投影面的平面投影所得的视图称为斜视图，如图 C-22 所示。

斜视图必须标注投影方向和视图名称。

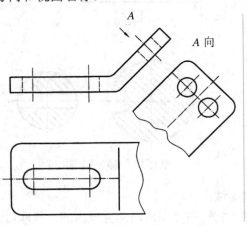

图 C-22　斜视图

附录 D　零件图和装配图

D.1　零件图的作用与内容

D.1.1　零件图的作用

任何一台机器或部件都是由许多零件按一定的技术要求装配而成的，每个零件都是根据零件图加工出来的。零件图是用来表达零件的结构、尺寸及加工技术要求的图样，它是设计部门提交生产部门的重要技术文件，是制造和检验零件的依据，也是技术交流的重要资料。

D.1.2　零件图的内容

零件图是指导制造和检验零件的图样，如图 D-1 所示，图样中必须包括制造和检验该零件时所需的全部资料。其具体内容如下：

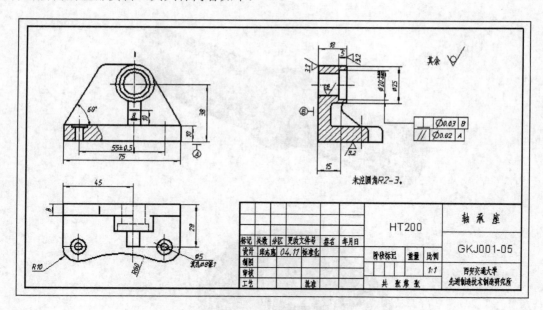

图 D-1　轴承座零件图

（1）一组视图：综合运用机件的各种表达方法，正确、完整、清晰和简便地表达出零件的内外结构形状。

（2）完整的尺寸：用一组尺寸正确、完整、清晰、合理地标注出制造、检验零件所需的全部尺寸。

（3）技术要求：用规定的代号、数字、字母和文字注解说明零件在制造和检验过程中应达到的各项技术要求，如尺寸公差、形状和位置公差、表面粗糙度、材料和热处理以及其他特殊要求等。

(4) 标题栏：应配置在图框的右下角，用于填写零件的名称、材料、重量、数量、绘图比例、图样代号以及有关责任人的姓名和日期等。

D.1.3　零件结构形状的表达

1. 零件图的视图选择

零件图的视图选择就是选用一组合适的视图来表达零件的内、外结构形状及各部分的相对位置关系。它是机件各种表达方式的具体综合运用。要正确、完整、清晰、简便地表达零件的结构形状，关键在于选择一个最佳的表达方案。

2. 主视图的选择

主视图是一组视图的核心，画图和看图时，一般多从主视图开始。所以，主视图选择得恰当与否，直接影响看图和画图是否方便。选择主视图时应考虑下列原则：

(1) 加工位置原则。零件图的作用是指导制造零件，因此主视图所表示的零件位置应尽量和该零件的主要工序的装夹位置一致，以便读图。图 D-2 所示的零件多在车床、磨床上加工，故常按加工位置选择主视图，即在主视图上常将其回转轴线水平放置，如图 D-3 所示的轴的零件图。

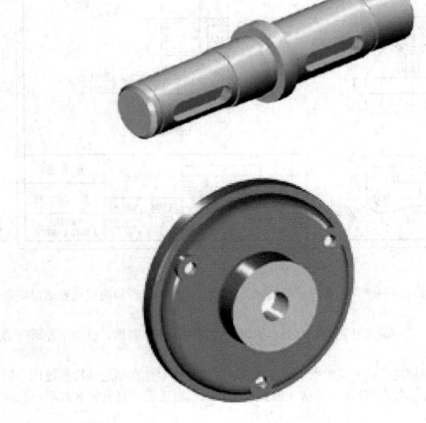

图 D-2　按加工位置选择主视图

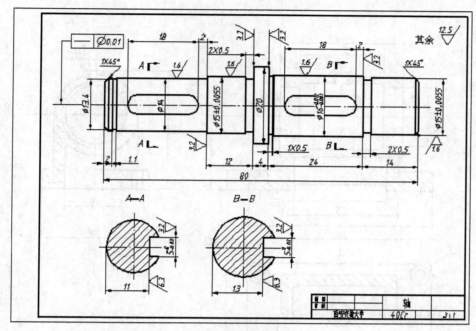

图 D-3　轴的零件图

(2) 工作位置原则。工作位置是指零件在机器或部件中所处的工作位置。对于加工位置多变的零件，应尽量与零件在机器、部件中的工作位置相一致，这样便于想像出零件的工作情况。例如，图 D-4 所示的箱体、叉架、壳体类零件常按其工作位置来选择主视图。但对于在机器中工作时斜置的零件，为便于画图和读图，应将其放正。

在选择主观图时，应当根据零件的具体结构和加工、使用情况加以综合考虑，以反映形状特征原则为主，尽量做到符合加工位置和工作位置，当选好主视图的投射方向后，还要考虑其他视图的合理布置，充分利用图纸。支座的零件图如图 D-5 所示。

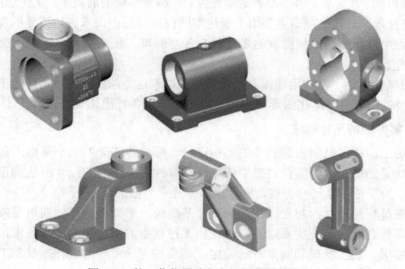

图 D-4　按工作位置选择主视图的零件类型

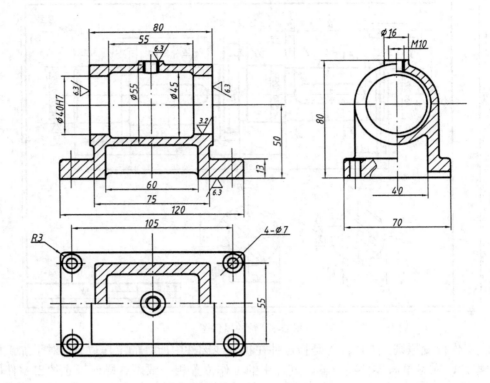

图 D-5 支座零件图

3. 其他视图的选择

选定主视图后应根据零件结构形状的复杂程度，选择其他视图。选择其他视图的原则主要如下：

(1) 基本原则。在完整、清晰地表达零件内、外结构形状的前提下，优先选用基本视图。

(2) 互补性原则。其他视图主要用于表达零件在主视图中尚未表达清楚的部分，作为主视图的补充。主视图与其他视图表达零件时，各有侧重，相互弥补，才能完整、清晰地表达零件的结构形状。

(3) 视图简化原则。在选用视图、剖视图等各种表达方法时，还要考虑绘图、读图的方便，力求减少视图数目，简化图形。为此，应广泛应用各种简化画法。

D.1.4 零件图的尺寸标注

在零件图上，视图只能表达零件的结构形状，零件各部分的大小是由所标注的尺寸来确定的。尺寸是制造、检验零件的重要依据。在零件图上注写的尺寸应达到正确、完整、清晰、合理。为了使所注尺寸合理，应考虑以下几个方面的内容。

尺寸基准是标注尺寸的起点。在选择尺寸基准时，必须考虑零件在机器或部件中的位置、作用、零件之间的装配关系以及零件在加工过程中的定位和测量等要求，因此，基准应根据设计要求、加工情况和测量方法确定。基准按用途可分为设计基准和工艺基准，按主次关系可分为主要基准和辅助基准。

(1) 设计基准。在零件设计时，根据零件的结构和设计要求而选定的标注尺寸的起点为设计基准。在零件图上常以零件的底面、端面、对称平面、重要平面、回转体的轴线作为基准。图 D-5 所示的支座零件其回转轴线是各外圆表面和内孔的设计基准。

(2) 工艺基准。零件在加工或测量时确定零件位置的一些点、线、面称为工艺基准。工艺基准又可分为定位基准和测量基准。

① 定位基准为在加工过程中零件装夹定位时所用的基准。

② 测量基准为在测量、检验零件已加工面的尺寸时所用的基准。

D.1.5　零件图的技术要求

零件图是制造和检验零件的重要依据，零件图中除了图形和尺寸外，还需注明零件在制造和检验时应达到的技术要求。零件图上的技术要求的内容有：

① 零件表面粗糙度；

② 尺寸公差；

③ 形状和位置公差；

④ 热处理及表面镀涂层要求；

⑤ 材料及零件加工、检测和测试要求；

⑥ 其他特殊要求或说明。

在图样上注写技术要求的方式有以下三种：

(1) 尺寸公差、表面粗糙度、形位公差、热处理及材料应按有关技术要求标准的规定，用各种指定的代号、文字和字母注在图形上。

(2) 对无法注在图形上的内容，或需统一说明的内容，用文字逐条写在图纸下方的空白处。

(3) 对某些零件(如齿轮类传动件、弹簧)的重要参数，用表格形式写在图纸的右上角。制订技术要求时应持慎重态度，并应注意考虑经济性要求。

D.1.6　读零件图

根据零件图想像出零件的内外结构形状，搞清零件的全部尺寸和技术要求等，以便指导生产和解决生产实际中的有关技术问题，这就要求工程技术人员必须具有阅读零件图的能力。

1. 读零件图的要求

(1) 了解零件的名称、材料及用途。

(2) 了解零件各部分的结构形状、功用，以及它们之间的相对位置及大小。

(3) 了解零件的制造方法和技术要求。

2. 阅读零件图的方法与步骤

1) 看标题栏，概括了解

从标题栏可以了解零件的名称、材料、数量、图样的比例等，根据零件的类型，可了解加工方法及作用。

2) 分析视图

分析视图就是分析零件的具体表达方案，以弄懂零件各部分的形状和结构。

开始看图时，必须先看主视图，视图复杂时，要先确定哪个是主视图，然后确定其他视图，搞清楚各个视图间的关系，为进一步看懂零件图打好基础。可按下列顺序进行分析：

(1) 确定主视图。

(2) 确定其他视图、剖视图、断面图等的名称、相互位置和投影关系。

(3) 有剖视图、断面图的地方要找出剖切面的位置。

(4) 有局部视图、斜视图的地方，要找到投影部位的字母和表示投影方向的箭头。

(5) 有无局部放大图和简化画法。

3) 分析尺寸

尺寸可按下列顺序进行分析：

(1) 根据形体分析和结构分析，了解定形尺寸和定位尺寸。

(2) 根据零件的结构特点，了解尺寸的标注形式。

(3) 了解功能尺寸和非功能尺寸。

(4) 确定零件的总体尺寸。

4) 分析技术要求

根据图形内、外的符号和文字注解，对表面粗糙度、尺寸公差、形位公差、材料热处理及表面处理等技术要求进行分析。

通过上述分析，对零件的作用、形状结构和大小、加工检验要求都有了较清楚的了解，最后作进一步的归纳、总结，即可得出零件的整体形状，达到看图的目的。

D.2　装配图的作用和内容

装配图是表达机器、部件或组件的结构形状、装配关系、工作原理和技术要求的图样。在产品的设计过程中，一般先绘制出装配图，然后再根据装配图画出零件图，在产品的装配、检验、使用和维修中，也要以装配图提供的技术资料为依据。可以说，装配图在产品设计及生产使用的整个过程中起着非常重要的作用。

D.2.1　装配图的内容

图 D-6 是回油阀的装配轴测图。一张完整的装配图应具有下列基本内容。

(1) 一组图形：用以表达机器或部件的工作原理、结构特征、各零件间的相对位置、装配和连接关系等。

(2) 必要的尺寸：用以表达机器或部件的规格、特性及装配、检验、安装时所需要的一些尺寸。

(3) 技术要求：用文字或符号说明机器或部件在装配、调试、检验、安装、维修、使用等方面的要求。

(4) 零件序号、明细栏和标题栏：说明机器或部件及其所包含的零件的名称、代号、材料、数量、图号、比例，以及设计、审核者的签名等。

由于装配图侧重于表达机器和部件的功用及装配关系，因此在视图表达方法、尺寸标注、技术要求等方面和零件图存在着较大的区别，在学习中，应注意了解这两种图样的异同之处。

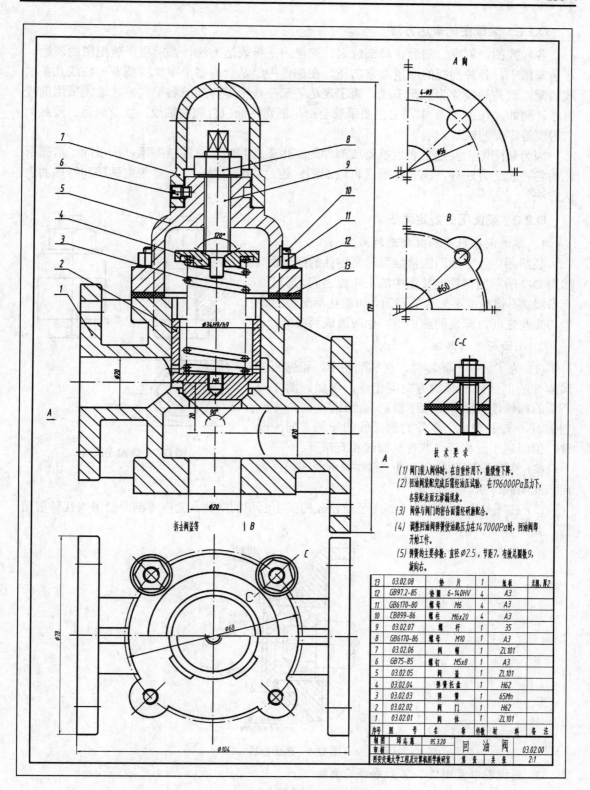

图 D-6　回油阀的装配图

D.2.2　装配图的表达方法

各种视图、剖视、剖面、局部放大、简化画法等表达方法，都适用于装配图的表达。在装配图中，各种剖视的应用非常广泛。在部件中经常会有多个零件围绕着一条或几条轴线装配，这些轴线称为装配干线。为了表达装配干线上零件间的装配关系，通常采用剖视画法。例如，在图 D-6 中，主视图采取全剖，剖切平面包含阀的轴线，以及阀体、阀盖、密封圈等零件的轴线。

因为装配图主要用来表达机器或部件的工作原理和装配、连接关系，所以除了前面所述的各种表达方法外，国家标准《机械制图》还对装配图提出了一些规定画法和特殊的表达方法。

D.2.3　装配图的规定画法

1．零件间接触面和配合面的画法

装配图中，零件间的接触面和两零件的配合面，如图 D-7 所示的螺栓连接图中的上下板之间，都只画一条线。不接触或不配合的表面，如相互不配合的螺栓与光孔之间，即使间隙再小，也应画成两条线。

2．剖面符号的画法

（1）为了区别不同零件，在装配图中，相邻两金属零件的剖面线的倾斜方向应相反，例如，图 D-7 所示的螺栓连接图中的上下板的剖面线。当三个零件相邻时，其中有两个零件的剖面线的倾斜方向应一致，但间隔不应相等，或使剖面线相互错开。

（2）在整张装配图中，同一零件的剖面线倾斜方向和间隔应一致。

（3）在图样中，宽度小于或等于 2 mm 的狭小面积的剖面，允许将剖面涂黑来代替剖面线，如图 D-8 所示。

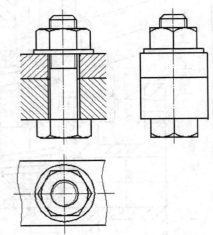

图 D-7　螺栓连接图

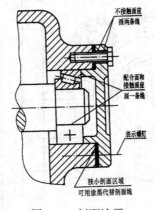

图 D-8　剖面涂黑

3．剖视图中紧固件和实心零件的画法

在装配图中，对于紧固件和实心的轴、连杆、拉杆、球、钩子、键等零件，若按纵向剖切，且剖切平面通过其对称中心线或轴线，这些零件按不剖绘制，如图 D-6 中的螺杆和图 D-7 中的螺栓、垫片、螺母。当需要特别说明零件的构造(如凹槽、键槽、销孔等)时，用局部剖视表示。如果剖切平面垂直于上述零件的轴线，则应在这些零件的断面上画剖面符号。

D.2.4　装配图的特殊表达方法

1. 沿结合面剖切和拆卸画法

为了清楚地表达部件的内部结构，可假想沿某些零件的结合面剖切，此时，零件的结合面不画剖面线，但被剖切的其他零件应画剖面线。当需要表达部件中被遮盖部分的结构时，可假想拆去某一个或几个零件后再画图，如图 D-6 中的俯视图的下半部分即拆去了阀盖等零件，此处只拆不剖，不存在剖视问题。以上两种表达方法称为拆卸剖视和拆卸画法，拆卸画法中往往标注"拆去××等"。

2. 简化画法

(1) 在装配图中，若干个相同的零件或零件组，如螺栓连接等，可详细画出一处，其余的仅用细点画线表示其装配位置即可。

(2) 在装配图中，滚动轴承可以按简化画法或示意画法绘制，对油杯等标准产品，可以按不剖绘制。

(3) 在装配图中，零件的工艺结构(如拔模斜度、倒角、圆角等)可以不画。

3. 夸大画法

装配图中的细小间隙、薄片等允许不按比例而适当地夸大画出，以明显表达这些结构。例如，图 D-6 中垫片的厚度和图 D-7 中螺栓与螺栓孔之间的间隙，都采用了夸大画法。

4. 假想画法

为了表达部件或机器的安装方法以及与其有装配关系的相邻零件，可将其相邻零部件的部分轮廓用双点画线画出，此时假想轮廓的剖面部分不画剖面线。对于部件或机器上的运动零件，在表达其运动范围或运动极限位置时，可用双点画线画出其另一极限位置的轮廓。

5. 单独表示某个零件的视图

当某个零件的结构形状未表达清楚且对理解装配关系有影响时，可单独画出该零件的视图，但必须在视图上方注明该零件的名称或件号，在相应的视图附近用箭头指明投影方向，并注上同样的字母，如图 D-9 中的泵盖 B 向视图。

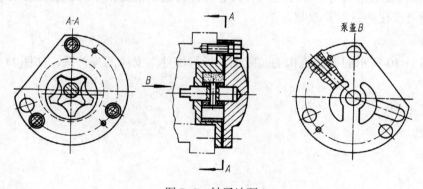

图 D-9　转子油泵

D.2.5　读装配图，拆画零件图

从机器设备的方案论证、设计，到生产装配、安装、调试、使用、维修等各个阶段，都是以装配图为依据的。因此，必须掌握读装配图的方法。

1. 读装配图的要求

(1) 了解部件的名称、用途、性能和工作原理。

(2) 了解部件的结构、零部件种类、相对位置、装配关系及装拆顺序和方法。

(3) 弄清每个零部件的名称、数量、材料、作用和结构形状。

2. 读装配图的方法和步骤

(1) 了解部件的名称、用途、性能和工作原理。

(2) 分析视图。

(3) 分析尺寸。

(4) 了解零件的作用、形状及零件间的装配关系。

(5) 归纳总结，根据装配图拆画零件图。

3. 拆图时应注意的问题

1) 关于零件的形状和视图选择

装配图中并不一定能完全表达清楚每一个零件的结构形状。在拆画零件图时，还需根据零件的作用、装配关系和工艺要求进行设计。装配图上未画出的圆角、倒角、退刀槽等工艺结构，在零件图上都必须详细画出。

零件在装配图中的位置是由装配关系确定的，不一定符合零件表达的要求。在拆画零件图时，应根据零件图视图选择的原则，重新选择合适的表达方案。

2) 关于零件图的尺寸

零件图的标注尺寸的要求如前所述。拆图时，零件图的尺寸可由以下四个方面确定，但必须保证各零件间的相关尺寸协调一致。

(1) 直接移注的尺寸：是指将装配图上标注的尺寸移注到相关零件图上。

(2) 直接确定的尺寸：如零件上的螺栓通孔、键槽、倒角、退刀槽等标准结构的尺寸应查表确定。

(3) 需要计算确定的尺寸：如齿轮的分度圆、齿顶圆直径等。

(4) 按比例量取的尺寸：除上述三种尺寸外，其他不重要或非配合的自由尺寸，都可直接从装配图上按比例量取并取整。

4. 举例

读懂图 D-10 所示的微动机构的装配图，拆画零件 7 支座的零件图，如图 D-5 所示。

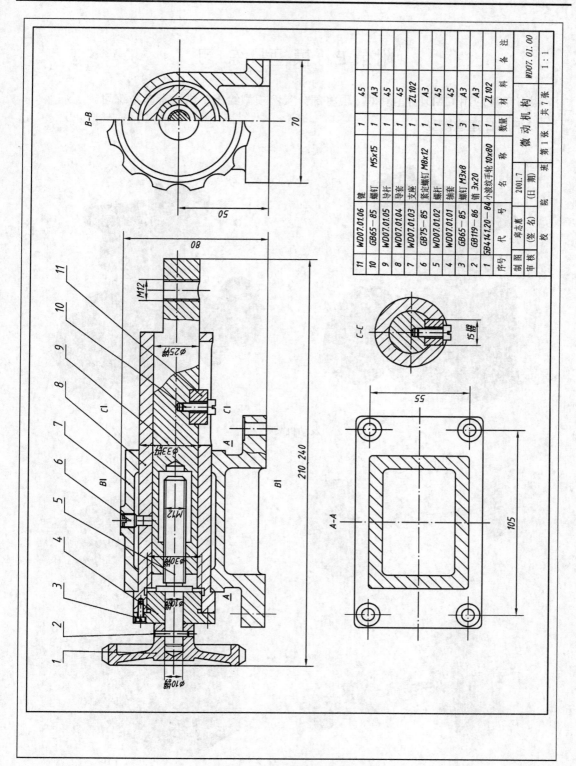

图 D-10 微动机构的装配图

序号	代 号	名 称	数量	材 料	备 注
11	WD07.01.06	键	1	45	
10	GB65—85	螺钉 M5×15	1	A3	
9	WD07.01.05	导杆	1	45	
8	WD07.01.04	导套	1	45	
7	WD07.01.03	支座	1	ZL102	
6	GB75—85	紧定螺钉 M8×12	1	A3	
5	WD07.01.02	螺杆	1	45	
4	WD07.01.01	轴套	1	45	
3	GB65—85	螺钉 M3×8	3	A3	
2	GB119—86	销 3×20	1	A3	
1	5B4141.20—84	小波纹手轮 10×80	1	ZL102	

微 动 机 构   WD07.01.00   1:1

共 7 张   第 1 张   班

制图   阚志惠   2001.7

审核

(签名) (日 期)   院 校

附录 E 模型练习

很多工程应用 CAD 创建模型，现将部分实例模型给出，供读者参考练习。

1．Pro/E 建造模型

发动机装配

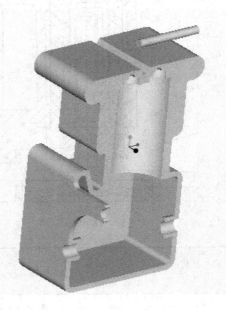

发动机零件

控制器装配及零件

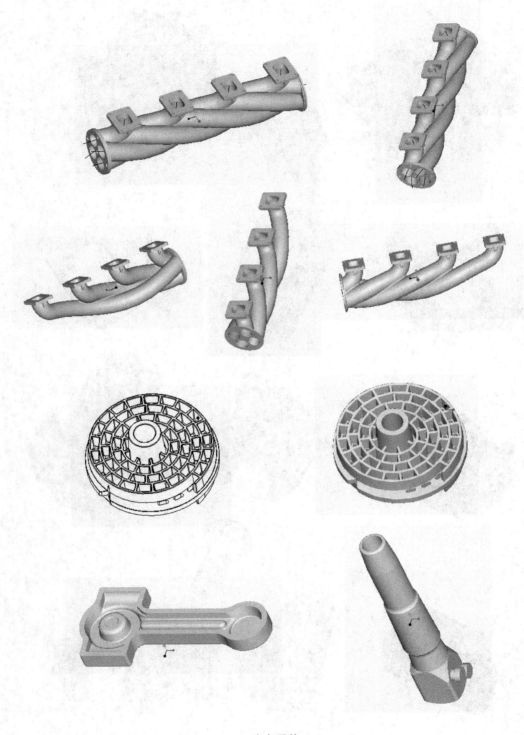

汽车零件

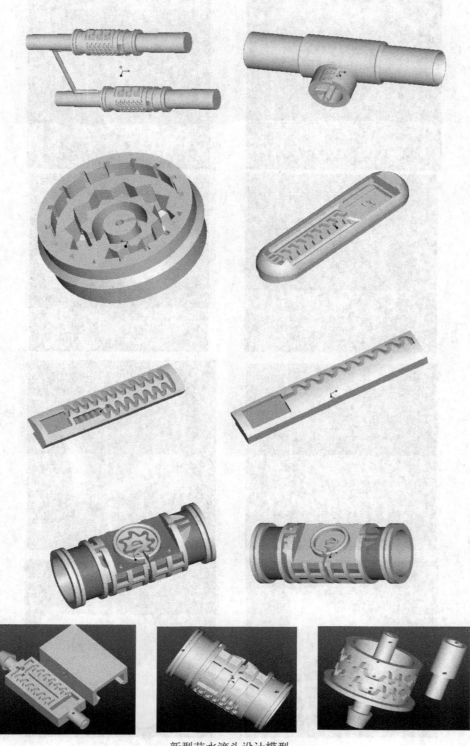

新型节水滴头设计模型

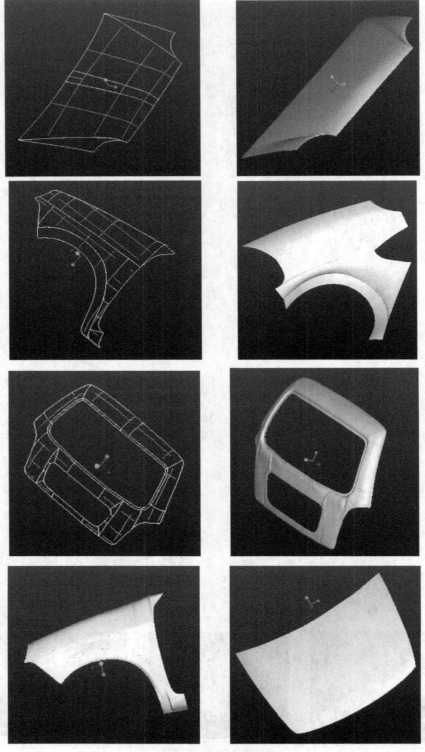

Pro/E 制作汽车覆盖件

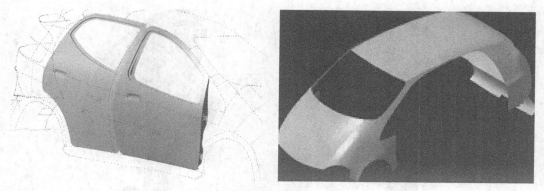

Pro/E 制作汽车覆盖件

Pro/E 制作汽车覆盖件装配

Pro/E 制作汽车覆盖件装配爆炸图

电风扇

学生作品：电风扇

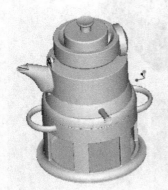
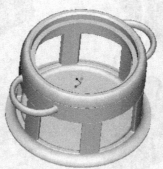

学生作品：咖啡壶

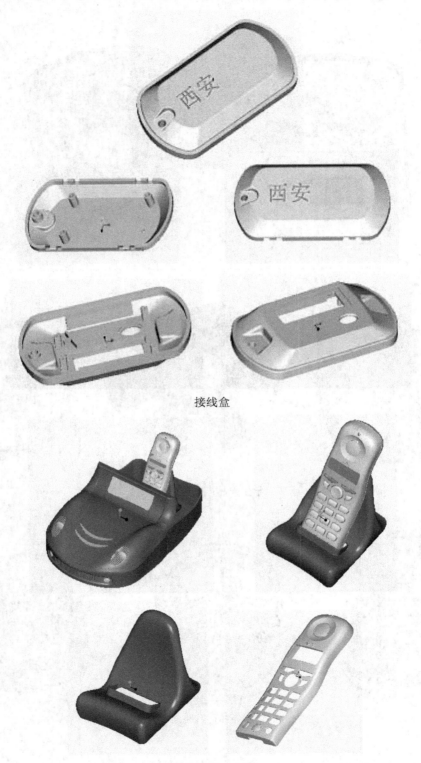

接线盒

学生作品：电话

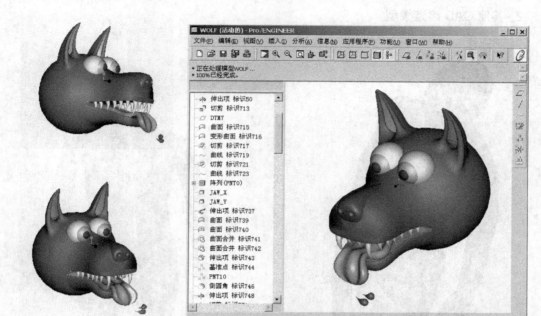

工艺狼头

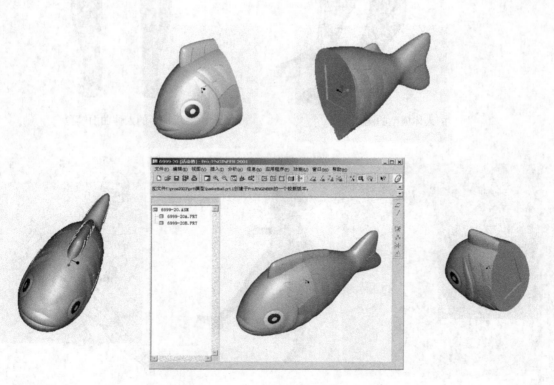

工艺鱼

2. 其他 CAD 建造模型

人体模型的测量点云

重构后的人体曲面模型

跑姿、走姿、阴影显示人体曲面模型

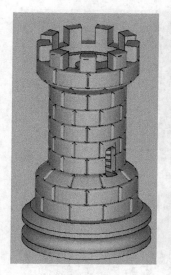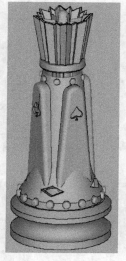

国际象棋部分 CAD 模型

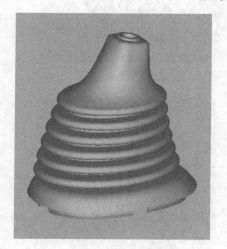

防尘罩 CAD 模型

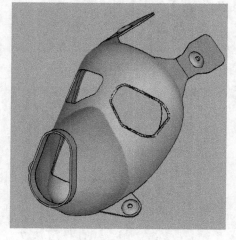

面罩 CAD 模型

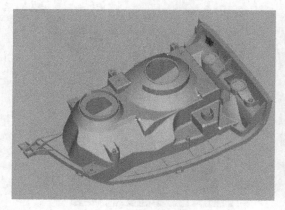

车灯座 CAD 模型

发动机缸 CAD 模型

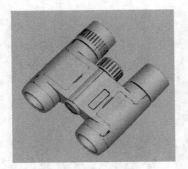

望远镜 CAD 模型

茶壶 CAD 模型

护膝 CAD 模型

下颌骨 CAD 模型

涡轮 CAD 模型

叶轮 CAD 模型

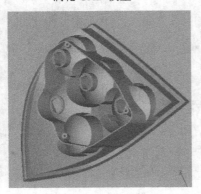

车灯座 CAD 模型

大雁塔 CAD 模型

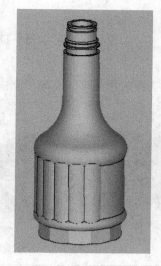

酒瓶 CAD 模型

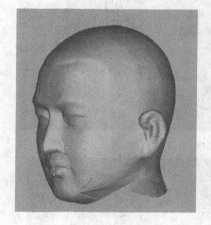

人头 CAD 模型

摩托车缸盖 CAD 模型

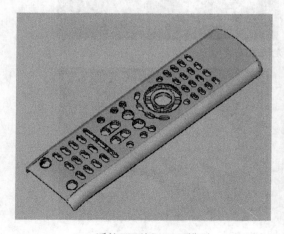

遥控器面板 CAD 模型

瓶盖 CAD 模型

附录 F　用 Pro/E 快速成型的模型

Pro/E 的工程应用很多，现将部分快速成型的实体照片给出，以开阔读者的应用思路。

汽车外覆盖件激光快速成型并喷漆

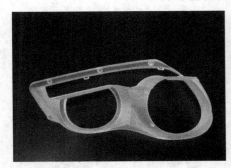
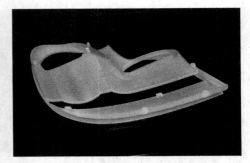

车灯座激光快速成型

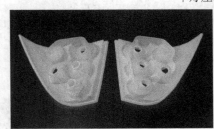
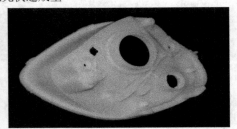

车灯座激光快速成型

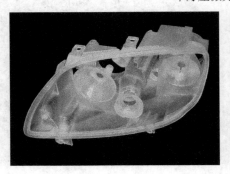

车灯座激光快速成型

车灯座成品

灭火器激光快速成型

车缸盖激光快速成型

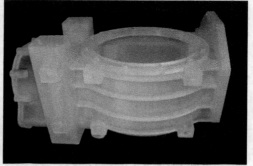

车缸激光快速成型

车缸盖激光快速成型

摩托发动机外壳激光快速成型

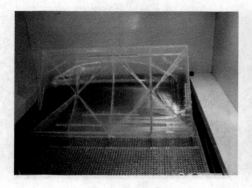

车覆盖件激光快速成型

车覆盖件快速成型钢模

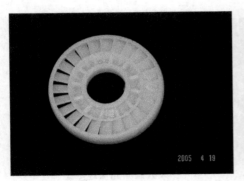

涡轮激光快速成型

涡轮激光快速成型　　　　　　　　汽车空调器叶轮激光快速成型

叶轮激光快速成型　　　　　　　　　USA 叶轮激光快速成型

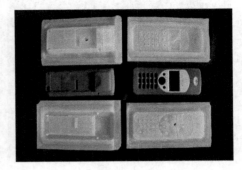

手机壳激光快速成型　　　　　　　手机壳激光快速成型及硅胶模具

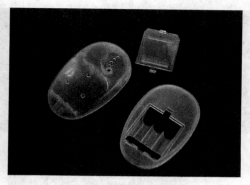

遥控器壳激光快速成型　　　　　　　　鼠标壳激光快速成型

人头激光快速成型

骨头激光快速成型

艺术造型

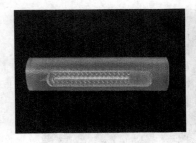

节水滴头快速成型

电话机激光快速成型

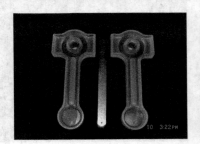

连杆快速模具

国际象棋激光快速成型   齿轮等激光快速成型及模具

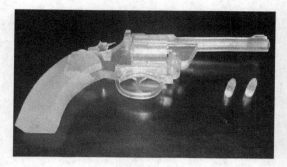

手枪激光快速成型

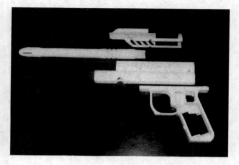

彩弹枪激光快速成型

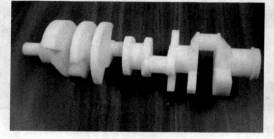

曲轴激光快速成型

USA 曲轴激光快速成型

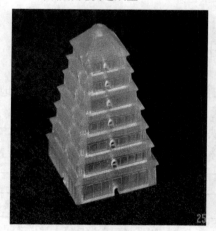

大雁塔激光快速成型

城堡激光快速成型

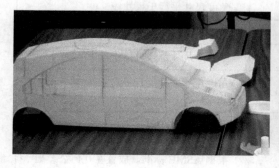

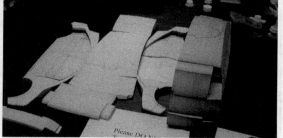

USA 切纸快速成型

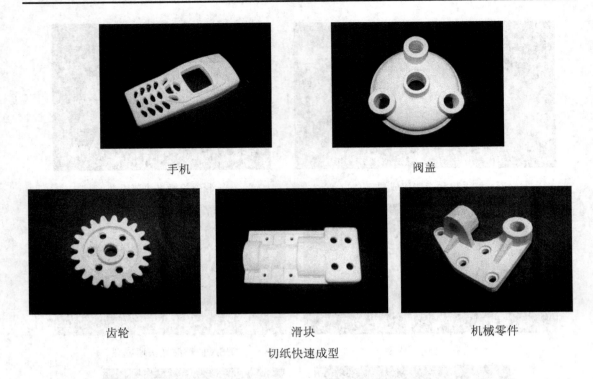

手机   阀盖

齿轮   滑块   机械零件

切纸快速成型

附录 G　工程图参数配置文件

在 Pro/E 的工程图创建中，工程图配置文件"文件名.dtl"占有极其重要的地位，一些看似非常复杂的问题，其实只要对工程图配置文件进行相应的修改就可以解决。从某种程度上讲，Pro/E 的工程图应用水平的高低就反映对工程图配置文件的掌握程度。本附录列出了 Pro/E 在工程图方面的配置参数并给予了解释，以备读者在实际工作中根据需要查阅。

名称及作用	有效值	作用及注释
allow_3D_dimensions	no，yes	确定是否在等轴视图中显示尺寸
angdim_text_orientation 控制角度尺寸在绘图中 的放置	horizontal	角度尺寸水平且位于导引之间
	parallel_outside	角度尺寸平行于尺寸线
	horizontal_outside	角度尺寸水平且位于导引之外
	parallel_above	平行于尺寸圆弧且位于其上
	parallel_fully_outside	角度尺寸文本平行于尺寸线(带一个正/负公差)
asme_dtm_on_dia_dim_gtol 控制与一个直径尺寸相连的设 置基准的放置	on_dim	设置基准将依附于直径尺寸
	on_gtol	根据 ASME 标准，放置在几何公差上

续表一

名称及作用	有效值	作用及注释
associative_dimensioning	yes, no	将拔模尺寸与拔模图元相关, 系统只关联选项为 yes 时创建的尺寸
aux_font 在指定字体索引中标识字体后, 设置辅助文本字体 "#"	1 filled, #字体索引名 (#=1～8)	系统记住文本字体菜单中所列有效字体名称对应的辅助字体号。可用 PTC 字体和 TrueType 字体
2d_region_columns_fit_text 确定在两尺寸重复区域中的每一栏是否自动确定大小, 以适合每栏中最长的文本块	yes, no	若设置为 yes, 则自动确定 2-D 重复区域的表栏大小。无文本的栏使用默认栏宽。包含自动确定 2D 重复区域大小的表栏不能手工改变大小
aux_line_font 按指定字体设置辅助行字体	#字体索引名为(#=1～10000)	通过改变与数字关联的字体名称进行全面更改。要设置辅助字体, 必须为绘图设置文件增加该选项
axis_interior_clipping 设置显示轴	no, yes	若设置为 no, 则按照 ANSI Y14.2M 标准在绘图中显示轴; 若设置为 yes, 则可通过修剪和移动分别调整每个轴
axis_line_offset	0.100 000	设置一线性轴在与它关联的特征上延伸的默认距离
blank_zero_tolerance 控制正负公差值的显示	no, yes	若设置为 yes, 则公差值设为零时, 不显示正负公差值
broken_view_offset	1.0, 数值	设置断开视图两部分间的偏距距离
chamfer_45deg_leader_style	std_asme_ansi, std_jis, std_din, std_iso	控制倒角尺寸的导引类型, 但不改变文本
circle_axis_offset	0.1000, 数值	设置圆的十字轴线超出边缘的默认距离
clip_diam_dimensions 在视图边界自动修剪直径尺寸	yes, no	修剪视图边界以外直径端点至与视图边界平齐。两个端点都在视图边界以内时, 不存在修剪情况
clip_dim_arrow_style	double_arrow, none, arrowhead, dot, filles_dot, arrow, slash, integral, box, filled_box	控制修剪尺寸的箭头类型
clip_dimensions 控制尺寸在详图视图中的显示	yes, no	若设置为 yes, 则不完全显示详图边界外的尺寸; 若设置为 no, 则显示所有尺寸
create_area_unfold_segmented 使局部展开的横截面视图中的尺寸与全部展开的横截面视图中的尺寸显示相似	yes, no	若设置为 yes, 则在创建新视图时, 对应于横截面草绘的直段, 视图显示为几段, 即一次一段。该选项只对新视图起作用。Pro/E 不支持分段的局部展开或全部展开的横截面视图的详图视图, 但它支持不分段的局部展开横截面视图的详图视图
crossec_arrow_length	0.187 500, 数值	设置横截面切割平面箭头的长度

续表二

名称及作用	有效值	作用及注释
crossed_arrow_style	tail_online, head_online	设置横截面切割箭头的显示形式
crossec_arrow_width	0.062 500, 数值	设置横截面切割平面的箭头宽度
crossec_text_place 设置横截面文本的位置	after_head, before_tail, above_tail, above_line, no_text	若设置为 no_text, 则不显示横截面文本
crossec_type 提高创建复杂截面的能力, 减少或杜绝截面视图不能创建的情况发生	old_style, new_style	如果设置成 old_style, 则系统将通过剪切来删除几何图形以创建截面视图; 如果设置成 new_style, 则系统将通过 Z 修剪平面来创建截面视图
cutting_line 控制切割线的显示	std_ansi, std_din, std_jis, std_ansi_dashed, std_jis_alternate	设置为 std_ansi, 切割线使用 ANSI 标准。如果设置为 std_ansi_dashed, 则使用虚线; 否则, 使用 DIN 标准切割线。将加粗部分用白色显示, 较细部分用灰色显示
cutting_line_adapt 控制用于横截面箭头显示的线型	yes, no	设置为 yes, 所有线型相应显示, 从一条完整线段的中间开始, 到另一条完整线段的中间结束
cutting_line_segment 指定非 ANSI 切割线加粗部分的绘图单位长度	0.000 000, 数值	若设置为 0, 则切割线段的长度为 0
dash_supp_dims_in_region 控制尺寸值在 Pro/REPORT 表重复区域中的显示	No, yes	若设置为 no, 则在 Pro/REPORT 表重复区域中显示尺寸值; 若设置为 yes, 则隐含尺寸, 用一条虚线代替
datum_point_shape	cross, dot, circle, triangle, square	控制基准点的显示形状
datum_point_size 控制模型基准点和草绘的两个尺寸点的大小	default, 数值	系统不使用绘图或模型单位, 而一直用英寸显示点的大小
decimal_marker	comma_for_metric_dual, period, comma	确定第二尺寸中表示小数点的字符
def_bom_balloon_leader_sym	arrowhead, dot, box, filled_dot, filles_box no_arrow, slash, integral	在报告中设置 BOM 球标的默认箭头(连接点)的型值
def_view_text_height	000 000, 数值	设置横截面视图及投影详图视图中, 用作视图注释和箭头中视图名称的文本高度
def_view_text_thickness	0.000 000, 数值	设置新创建的截面图及详图视图中, 用作视图注释和视图名称新文本的默认厚度
default_dim_elbows	yes, no	控制尺寸弯肘的显示。若设置为 yes, 则显示带弯肘的尺寸
default_font	font, 字体索引名	设置默认文本字体, 作为列在指定的字体索引中的字体。不包括 ".ndx" 扩展名
default_pipe_bend_note 控制管道折弯注释在绘图中的显示	no, 数值	设置为带引号的文本, 使用创建折弯注释时所用的值。若设置为一个目录路径, 则参照以前创建并已经保存为文件的注释

名称及作用	有效值	作用及注释
detail_circle_line_style	SOLIDFONT	设置详图视图中圆的线型。可用任意的系统定义或用户定义的线型
detail_note_text 在详图视图参照注释中设置文本	default, 数值	设置为 default 时，详图视图参照注释具有 SEEDETAIL<查看名称>的本地化版本对应其文本
detail_view_circle	on, off	设置用详图视图来详细描绘模型部分所绘制的包围圆的显示
dim_dot_box_style 对线性尺寸的导引，只控制点和框的箭头型值显示	default	使用 draw_arrow_style 设置
	Filled	将线性尺寸箭头的点和框变为实心
	hollow	尺寸箭头的点和框不填充
dim_fraction_format 控制绘图中分数尺寸的显示	default	设置为 default, 否则该选项优先于配置文件选项 dim_fraction_format
	std	按标准 Pro/E 格式显示绘图中的分数尺寸
	aisc	按照配置文件选择
dim_leader_length	0.500 000	当导引箭头在尺寸界线之外时，设置尺寸导线的长度
dim_text_gap 控制尺寸文本和尺寸线间的距离，并表示间距大小和文本高度的比例	0.500 000, 因子	对于直径尺寸，若 text_orientation 设置为 parallel_dirallel_horiz, 则 dim_text_gap 将控制在文本弯肘线的延伸量
draft_scale	1.0, 数值	相对于绘图上拔模图元的实际长度，确定拔模尺寸值
draft_ang_unit_trail_zeros 控制角度尺寸的显示	yes, no	若设置为 yes, 那么在角度尺寸显示为度/分/秒格式时，删除后零；若设置为 no, 则角度尺寸或公差不显示后零
draw_ang_units 设置绘图中角度尺寸的显示	ang_deg	创建小数表示的度
	ang_min	创建度和小数表示的分
	ang_sec	创建度、分和小数表示的秒
draw_arrow_length	0.187 500, 数值	设置尺寸箭头的长度
draw_arrow_style	closed, open, filled	控制所有涉及到箭头的详图项目的箭头型值，包括尺寸、注释、3D 注释、几何公差、符号和球标的导引
draw_arrow_width	0.062 500, 数值	设置尺寸箭头的宽度
draw_attach_sym_height	default, 数值	设置尺寸线斜杠、积分号和框的高度
Draw_attach_sym_width	default, 数值	设置尺寸线斜杠、积分号和框的宽度

续表四

名称及作用	有效值	作用及注释
draw_cosms_in_area_xsec	no, yes	控制在局部横截面视图切割平面中，修饰草绘和基准曲线特征的显示。若设置为 no，则不显示以上特征
draw_dot_diameter	default，数值	设置尺寸线点的直径
draw_layer_overrides_model 直接绘图层显示，以确定具有相同名称的绘图模型层的设置	no, yes	若设置为 yes，则显示相同名称的绘图层中隐式包含的绘图模型层；若设置为 no，则在绘图模型中设置层显示状态时，忽略无绘图层
drawing_text_height	0.156 250，数值	设置绘图中所有文本的默认文本高度
duawing_units	inch, foot, mm, cm, m	设置所有绘图参数的单位
dual_digits_diff 控制主尺寸和第二尺寸之间小数点右边的小数位数差	−1，数值	当主单位为英寸，第二单位为毫米时，使用默认值 −1 会出现以下结果：5.623[341.78]
dual_dimension_brackets 控制有尺寸单位的括号显示	yes, no	使用 dual_dimensioning 时，若设置为 yes，则尺寸单位带括号；否则，不显示括号
dual_dimensioning 控制尺寸显示的格式	primary[secondary]，secondary，no	若设为 primary[secondary]，则尺寸带主单位和第二单位显示；若设置为 secondary，则只显示绘图第二尺寸，若设置为 no，则只显示尺寸值
dual_secondary_units	inch, foot, mm, cm, m	设置第二尺寸的显示单位
gtol_datums 设置绘图中显示参照基准所遵循的拔模标准	std_ansi_mm, std_jis, std_din, std_iso, std_asme, std_ansi, std_iso_jis, std_ansi_dashed	该设置对轴和基准平面及参照零件基准的显示都有影响
spin_center_display 当连接到一个含有附加文本的尺寸符号时，需确定几何公差的特征控制框的位置	on_bottom, under_value	若设置为 on_bottom，则几何公差放在尺寸符号底部，所有文本附加在行的下面；若设置为 under_value，则几何公差放在尺寸值下面，所有文本附加在行的前面
hidden_tangent_edges 控制绘图视图中隐藏相切边的显示	default, dimmed, erased	若设置为 dimmed，则出图与灰色的可见相切边的颜色相同且为虚线，表示视图中隐藏的相切边。注意：必须从环境对话框中的显示形式列表中选择隐藏线或无隐藏线选项。若设置为 erased，则自动从屏幕和出图中删除所有隐藏相切边

续表五

名称及作用	有效值	作用及注释
half_view_line 设置半视图对称线的显示	solid, symmetry, symmetry_iso, symmetry_asme, none	若设置为 symmetry_iso，则按 ISO 标准，半视图对称线呈黄色细线型显示，对称线的末端的 hash 标记也呈黄色线型显示；若设置为 symmetry，则画一条如断线一样的中心线，延伸超出零件；若设置为 solid，则画实线；若设置为 symmetry_asme，则按 ASME 标准，半视图对称线呈黄色细线型显示，而 hash 标记呈白色粗线型显示；若设置为 none，则将对象绘制超出对称线一小段距离
hlr_for_pipe_solid_cl 控制管道中心线的显示	no, yes	若设置为 yes，则删除隐藏线会影响到管道中心线；若设置为 no，则不影响
hlr_for_threads 根据螺纹遵守的是 ISO 标准还是 ANSI 标准来控制绘图中螺纹的显示	no, yes	若设置为 yes，则螺纹边满足显示"隐藏线"的 ANSI 或 ISO 标准(由 thread_standard 选项设置)
ignore_model_layer_status 对系统是否考虑模型中的层状态进行控制	yes, no	若设置为 yes，则忽略在另一模式中制作的绘图模型的所有层状态的变化
iso_ordinate_delta 改进 ISO 纵坐标尺寸和尺寸界线间偏距的显示选项，也称为 witness_line_delta	no, yes	若设置为 yes，则根据绘图设置文件选项 witness_line_delta 指定的值，正确显示偏距；若设置为 no，则不按指定的值精确显示偏距("离开"约 2 mm)
lead_trail_zeros 控制尺寸或参数中前零和后零的显示	std_default, std_metric, std_english, both	若设置为 std_default，则按其单位显示尺寸或参数；若设置为 both，则尺寸或参数的前零和后零同时显示
lead_trail_zeros_scope 对 lead_trail_zeros 的影响进行控制	dims, all	若设置为 dims，则控制尺寸是否受绘图设置选项 lead_trail_zeros 设置的影响；若设置为 all，则绘图设置选项 lead_trail_zeros 既控制尺寸，也控制所有参数，包括参数注释、视图比例注释以及表、符号和修饰螺纹注释
leader_elbow_length	0.250 000，数值	确定导引弯肘的长度
line_style_length 设置构成线型元素的长度。要修改该长度，必须在绘图设置文件里增加该选项	font_name default, font_name value	先输入该线型名称，然后在系统单位中输入一个该线型长度所需的值。default 表示设置显示默认的长度值
line_style_standard	std_ansi, std_iso, std_jis, std_din	控制绘图中文本的颜色。除非设置为 std_ansi，否则所有绘图文本都以蓝色显示，详图视图的边界以黄色显示
location_radius 修改指示位置的节点半径，提高可见度(特别在打印绘图时)	default(2.00), any value	若设置为 default，则半径设置为 2 个绘图单位；若设置为 no，则显示位置节点，但不打印。该设置没有最大值
max_balloon_radius	0.000 000, non-zero, value	设置球标半径的最大允许值。若设置为 0，则球标半径仅依据文本大小而定
mesh_surface_lines	on, off	控制蓝色曲面网格线的显示

名称及作用	有效值	作用及注释
min_balloon_radius	0.0, non-zero value	设置球标半径的最小允许值。若设置为 0，则球标半径仅依据文本大小而定
model_digits_in_region 控制二维区域中小数的位数	yes, no	若设置为 yes，则二维区域反映零件或组件模型尺寸的小数位数
model_display_for_new_view	default	指定隐藏线的视图显示
model_grid_balloon_size	0.200 000，数值	指定在显示模型网格的绘图中，球标的默认半径
model_grid_neg_prefix	−，+	控制在模型网格球标中显示负值的前缀
model_grid_num_dig_display 控制网格坐标系中显示在网格球标中的小数位数	0，数值，整数	输入一个指定小数位数的整数，或用系统默认值(0)以整数形式显示坐标
model_grid_offset 控制新网格球标距绘图的偏距	default，数值	若设置为 default，则网格球标从绘图视图偏移两倍于当前模型网格的间距；若设置为一个值，则球标从视图以英寸单位偏移该值
new_iso_set_datums 控制设置基准的显示	yes, no	若设置为 yes，则设置拔模基准按 ISO 标准显示
node_radius 控制符号中节点的显示	default，数值	若设置为 default，则系统使用默认值。该设置没有最大值
ord_dim_standard 按纵坐标尺寸的显示设置标准	std_ansi, std_iso, std_jis, std_din	若设置为 std_ansi，则显示无连接线的尺寸(如图 A)；否则，沿垂直于基准线且起始于圆的连接线放置相关的纵坐标尺寸(如图 B)。该连接线每段的末端都有一个箭头。注意：当尺寸界线互相连接时，移动任何一个相关的尺寸将移动所有尺寸 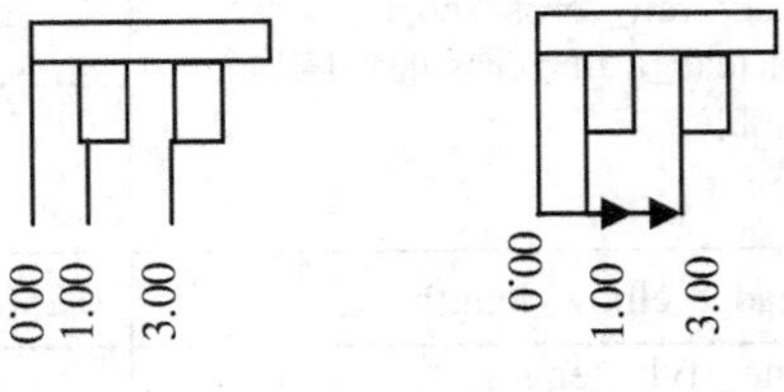 0.00　1.00　3.00　　0.00　1.00　3.00 图 A　　　　图 B
orddim_text_orientation 控制纵坐标尺寸文本的方向	parallel, horizontal	若设置为 parallel，则尺寸文本平行于尺寸线；若设置为 horizontal，则文本水平显示
parallel_dim_placement 设置尺寸在尺寸线上的位置	above, below	当 text_orientation 选项设置为 parallel 时，确定尺寸值在尺寸线上还是在线下显示。该选项不能用于双重尺寸
pipe_pt_shape	cross, dot, circle, triangle, square	控制管道绘图中理论折弯交点的形状
pipe_pt_size	default，数值	控制管道绘图中理论折弯的大小
projection_type	third_angle, first_angle	确定创建投影视图的方法

续表七

名称及作用	有效值	作用及注释
radial_pattern_axis_circle 设置径向阵列特征中垂直于屏幕的旋转轴的显示模式	no, yes	若设置为 no，则显示作用轴线；若设置为 yes，则出现一个圆的共享轴，且轴线穿过一个旋转阵列的中心
ref_des_display	no, yes, DEFAULT	控制参照指示在缆连接组件绘图中显示
remove_cosms_from_xsecs 控制完整横截面视图中，基准线、螺纹、修饰特征图元和修饰剖面线的显示	total, all, none	若设为 all，则从横截面视图中删除基准和修饰；若设为 total，则从横截面视图中删除在切割平面前面的特征。只有当这些特征与该切割平面相交时，才能完整显示。若设为 none，则显示所有基准面组和修饰特征
restricted_gtol_dialog 控制几何公差对话框中的限制条件	yes, no	若设置为 yes，则拾取某几何公差类型时，该对话框将始终保持其标准；若设置为 no，则将导致对话框撤消所有限制条件
select_hidden_edges_in_dwg	no, yes	若设置为 no，则在使用查询选取时，不允许在绘图中选择"不隐藏"边
show_cbl_term_in_region 对于有终结器参数的连接器的缆组件，可用报表符号 &asm.mbr.name 和&asm.mbr.type 在 Pro/REPORT 中显示终结器	no, yes	若设置为 yes(必须为重复区域设置缆信息属性)，则显示终结器。创建新绘图时，默认值为 yes。对于现有绘图，默认值为 no
show_pipe_theor_cl_pts 控制管道绘图中中心线和理论交点的显示	bend_cl, theor_cl, both	若设置为 bend_cl，则只显示带有折弯的中心线；若设置为 theor_cl，则只显示带理论折弯交点的中心线；若设置为 both，则同时显示折弯和理论交点
show_preview_default	remove, keep	在显示/拭除对话框中确定预览默认方式
show_quilts_in_total_xsecs 确定是否将曲面几何包括在绘图截面中	no, yes	若设置为 no(默认设置)，则排除曲面几何；若设置为 yes，则包括曲面几何
show_total_unfold_seam 控制完全展开横截面视图中切缝(切割平面的边)的显示	yes, no	若设置为 yes，显示缝；若设置为 no，则遮蔽缝
shrinkage_value_display	percent_shrink, final_value	按百分数或最终值显示尺寸的收缩量
sym_flip_rotated_text 设置反转"旋转文本"符号中所有颠倒的文本	no, yes	若设置为 yes，且该符号的方向为 +/-90°，则文本随符号一起反转
sym_rotate_note_center 控制镜像和旋转后，符号及其注释的重新定向显示	yes, no	若设置为 yes，则假设符号注释的原点不在文本底部，而在文本高度的中间来旋转符号注释；若设置为 no，则通过旋转文本原有的原点来旋转文本
tan_edge_display_for_new_views	default	指定相切边显示

名称及作用	有效值	作用及注释
text_orientation 控制绘图中尺寸文本的显示	horizontal, parallel, parallel_diam_horiz	若设置为 horizontal，则水平显示所有尺寸文本；若设置为 parallel，则平行于尺寸线显示文本；若设置为 parallel_diam_horiz，则平行尺寸线显示除直径尺寸以外的所有尺寸
text_thickness	0.000 000，0<值.5	为文本、粗度未改变的文本设置默认文本粗度。在绘图单位中输入一个值
text_width_factor 设置文本宽度和高度的比例	0.000 000，0.25～8	系统一直保留该比例值，直到用文本宽度命令改变宽度为止
thread_standard 控制有轴的螺纹孔的显示(作为垂直于屏幕的一个圆弧[ISO 标准]或圆[ANSI 标准])	std_ansi_imp, std_iso_imp, std_iso_imp_assy, std_ansi_imp_assy	若设置为 std_ansi_imp 或 std_iso_imp，那么在 Pro/E 环境对话框的显示形式列表中，选择无隐藏线时，不显示隐藏的螺纹线，选隐藏线时，螺纹线作导引线显示(黄色)
tol_display 控制尺寸公差的显示	no, yes	该选项设置后，不能进入 Pro/E 的环境对话框
tol_ text_height _factor 当公差按 plus-minus 格式显示时，设置公差文本高度和尺寸文本高度之间的默认比例	standard，数字>0	若设置为 standard，则系统对 ANSI 标准用 1，对 ISO 标准用 0.6
use_major_units 控制分数尺寸是否用英寸和英尺测量	default, yes, no	控制绘图中分数尺寸的显示方法，若设置为 no，则分数尺寸不显示在主单位中；若设置为 default(默认设置)，则按照配置文件 use_major_units 的设置显示分数尺寸
view_note 设置创建视图相关的注释	std_ansi, std_din, std_iso, std_jis	若设置为 std_din，则创建一个与视图相关的注释，而省略"截面"、"详图"和"参见详图"等词
view_scale_denominator 简化分数前，确定视图比例的分母	0，整数	若设置为整数并且 view_scale_format 是一个小数，则对于绘图中模型的第一视图，其视图比例将取整成为带指定分母的最近似的值；若设置为 0，则该比例值将以小数形式表示
view_scale_format 比例以小数或分数值表示	decimal, fractinal, ratio_colon	若设置为 ratio_colon，则视图比例值作为比值形式显示。例如，一视图比例不显示为 0.5，而显示为 1：2，因为比值是分数的另一种显示形式
weld_symbol_standard	std_ansi, std_iso	在绘图中，按照 ANSI 或 ISO 标准显示焊接符号
witness_line_delta	0.125 000，数值	设置尺寸界线超出尺寸线箭头的延伸量
witness_line_offset 设置尺寸线和标注文字间的距离	0.625 00，数值	只有在绘制工程图时，此间距才可见。要查看效果，可使用屏幕出图。当使用"尺寸"类型的破断时，还用于控制尺寸界线交截处破断的大小
yes_no_parameter_display 控制绘图注释和表中参数的显示	true_false, yes_no	当设置为 yes_no 时，参数可在绘图注释中有一个 yes 或 no 值；当设置为 true_false 时，它们可有一个 true 或 false 值

附录 H　练　习　题

1. 草图练习题

绘制如下图所示的平面图形。

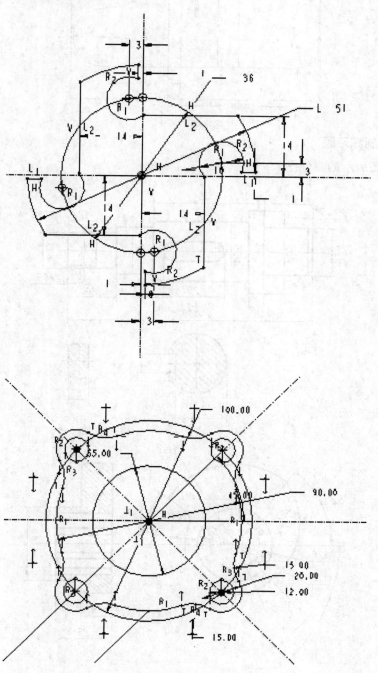

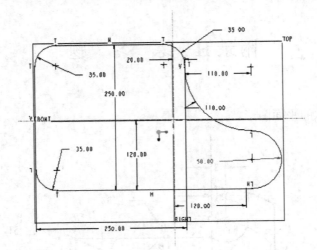

2. 零件绘制练习题

绘制如下图所示的零件图。

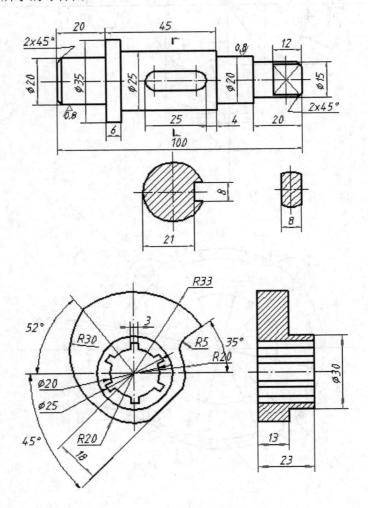

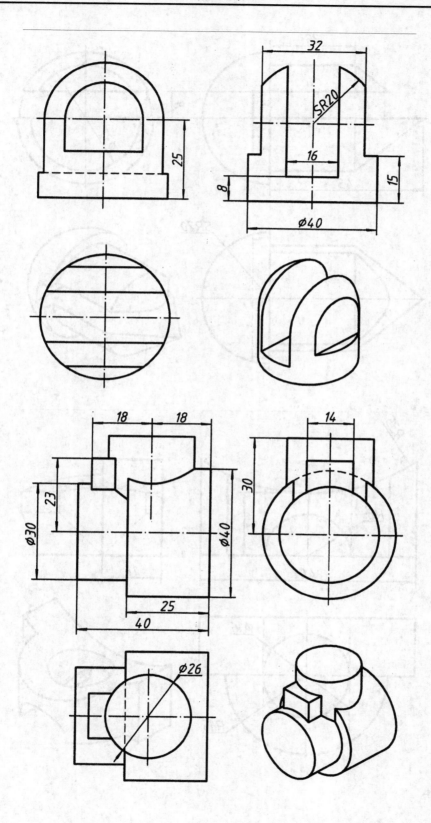

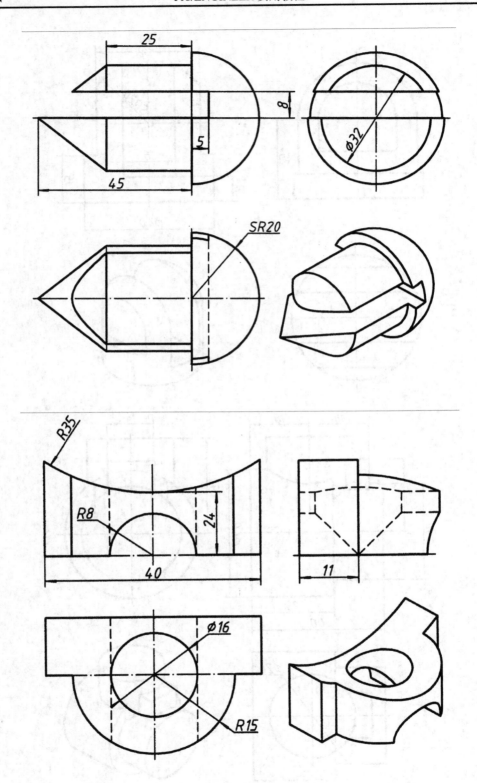

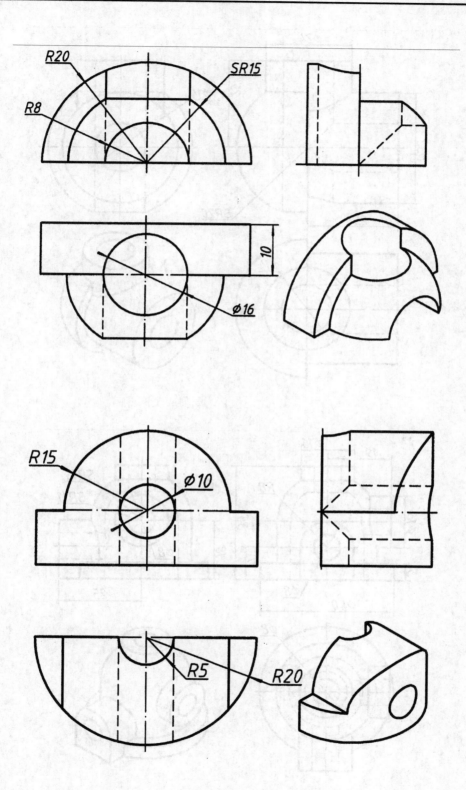

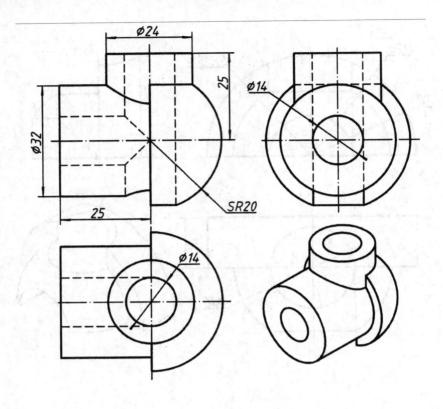

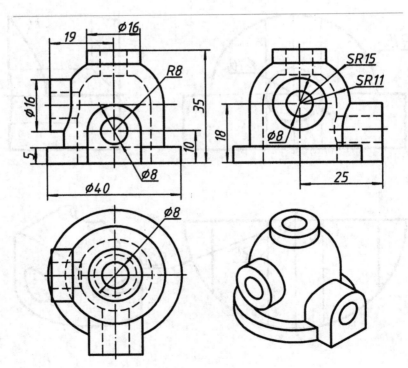

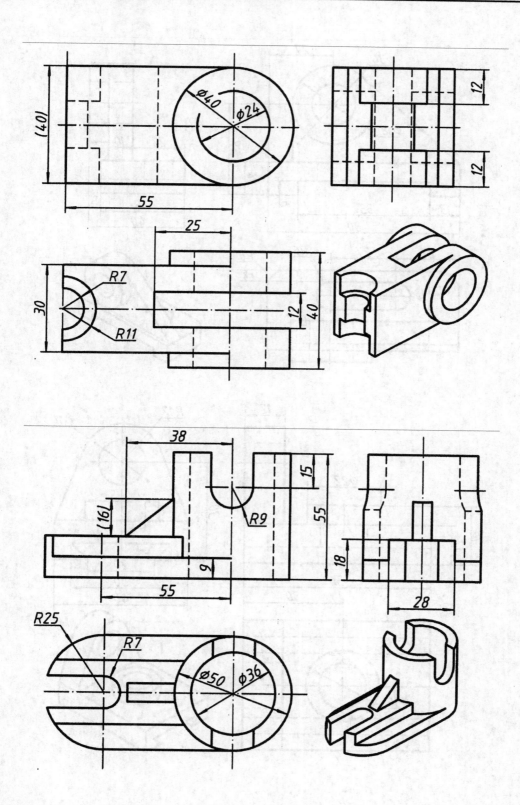

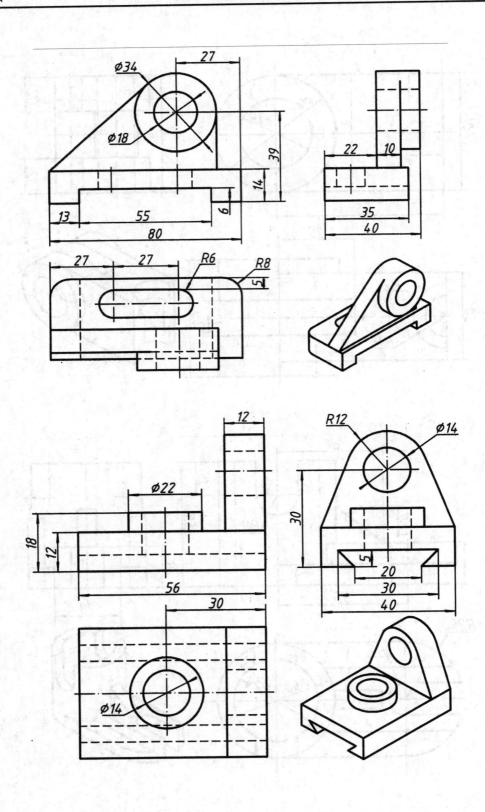

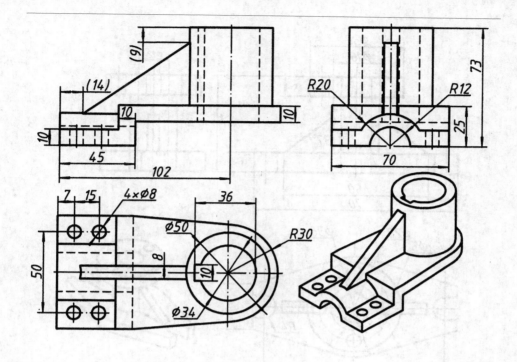

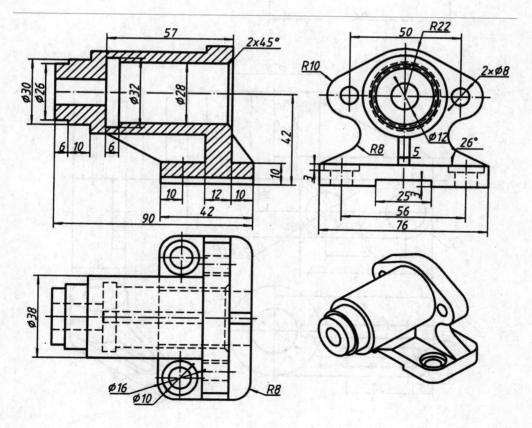

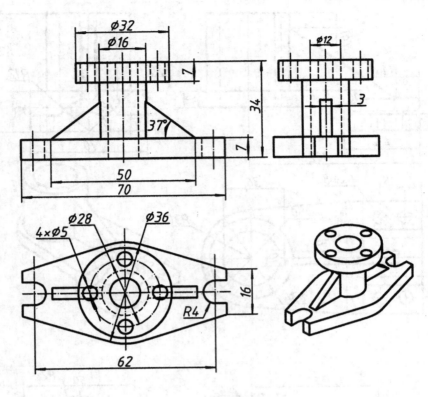

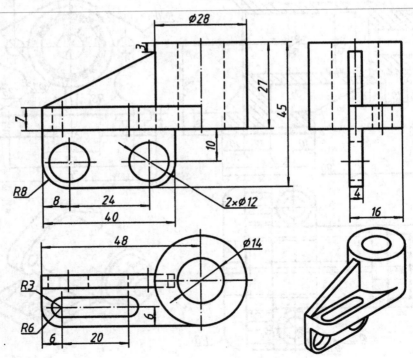

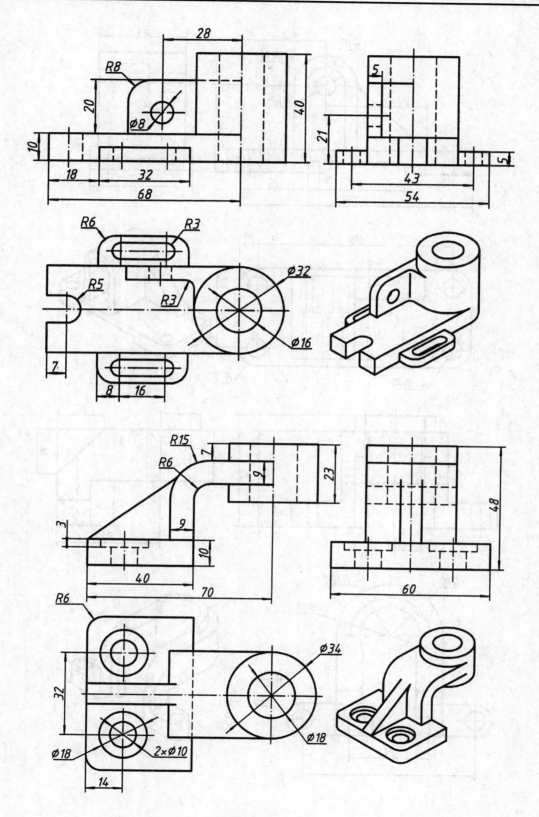

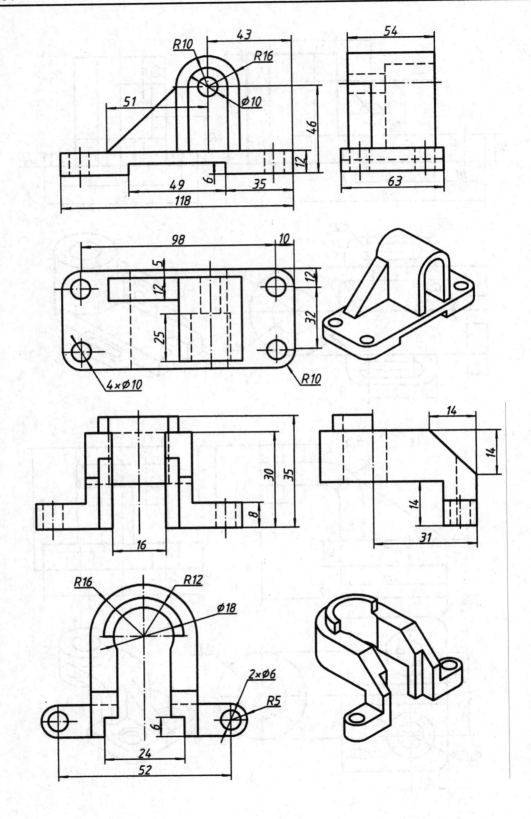

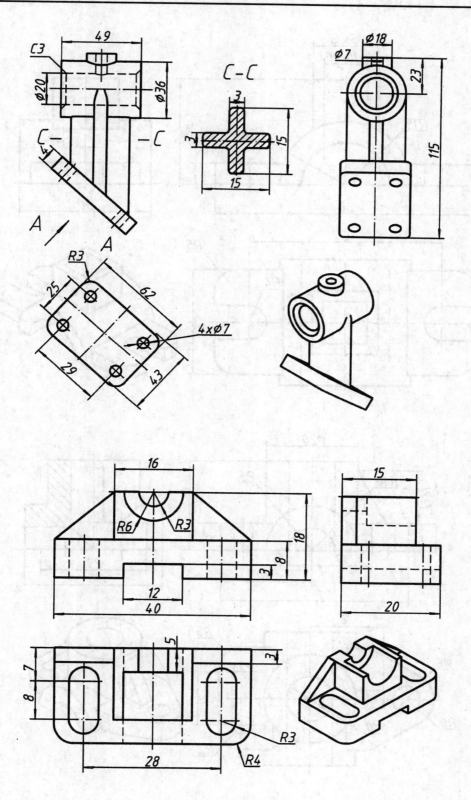

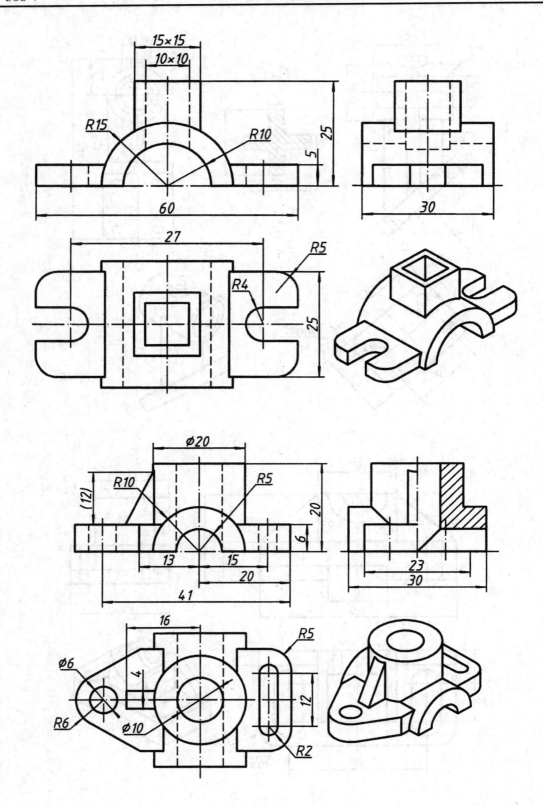

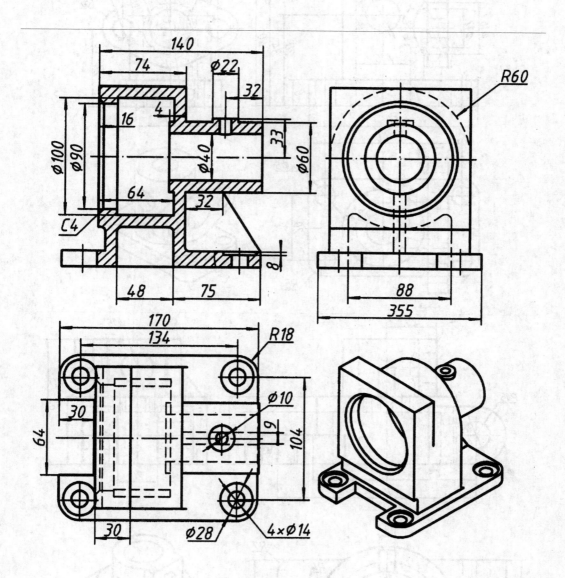

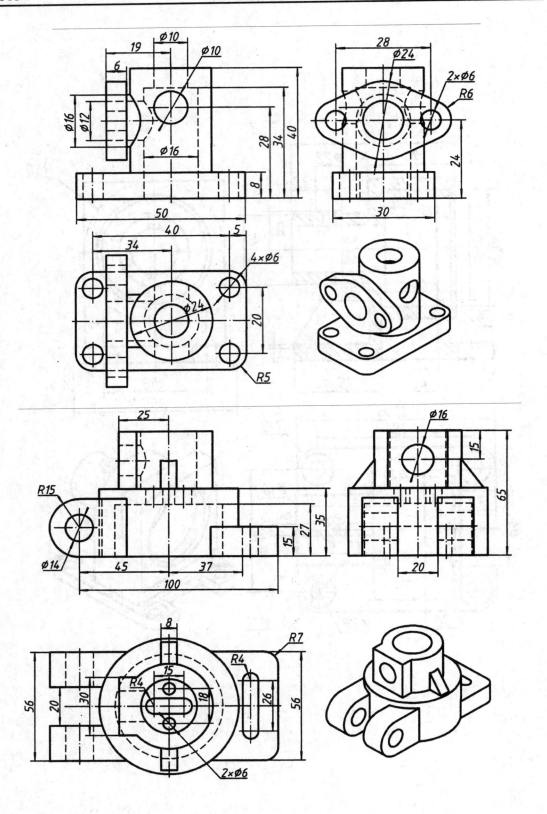

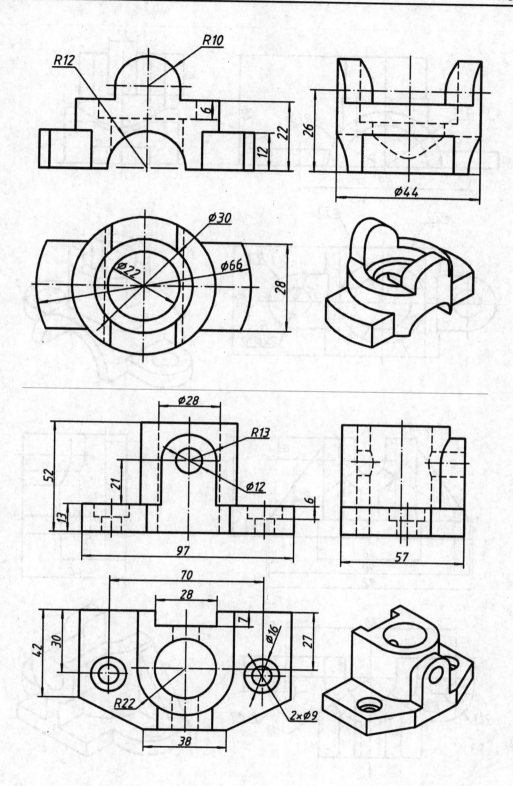

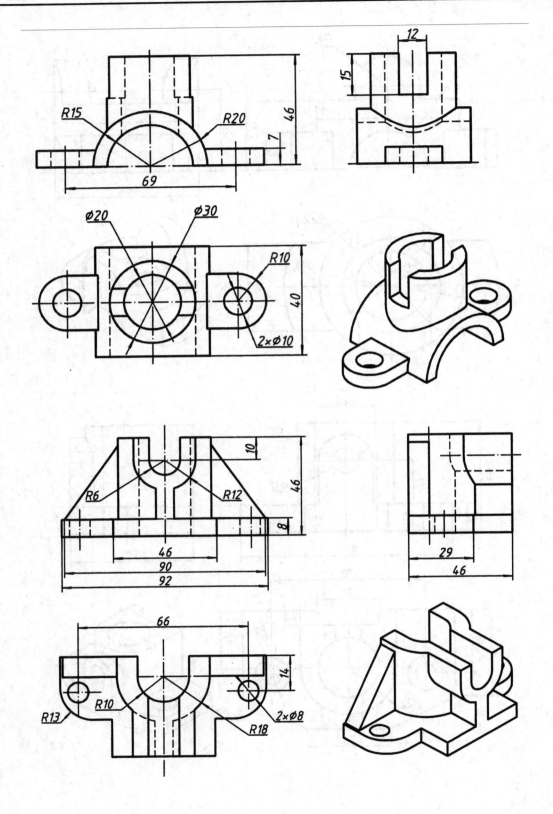

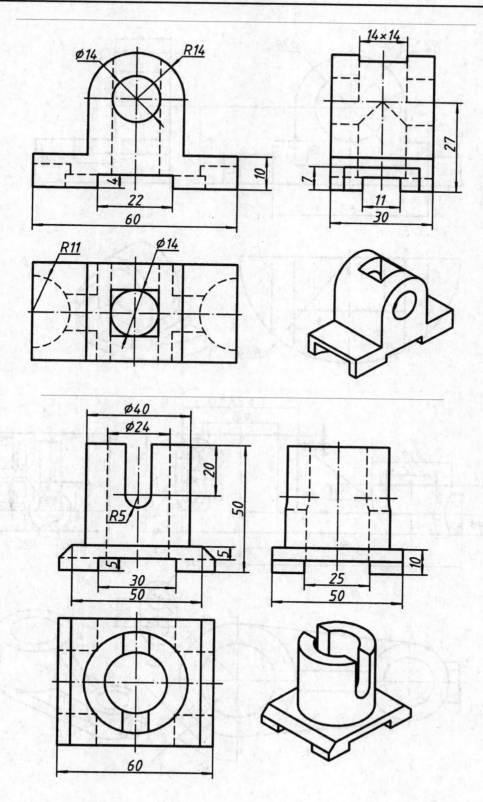

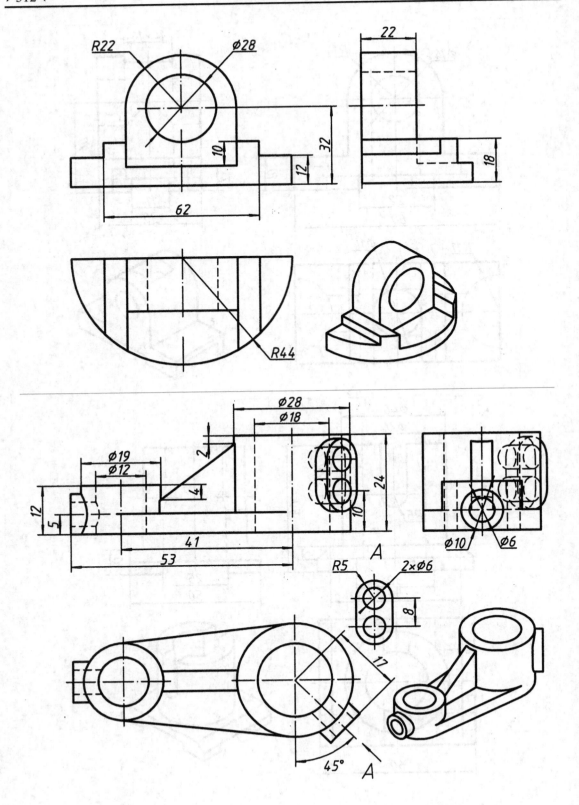

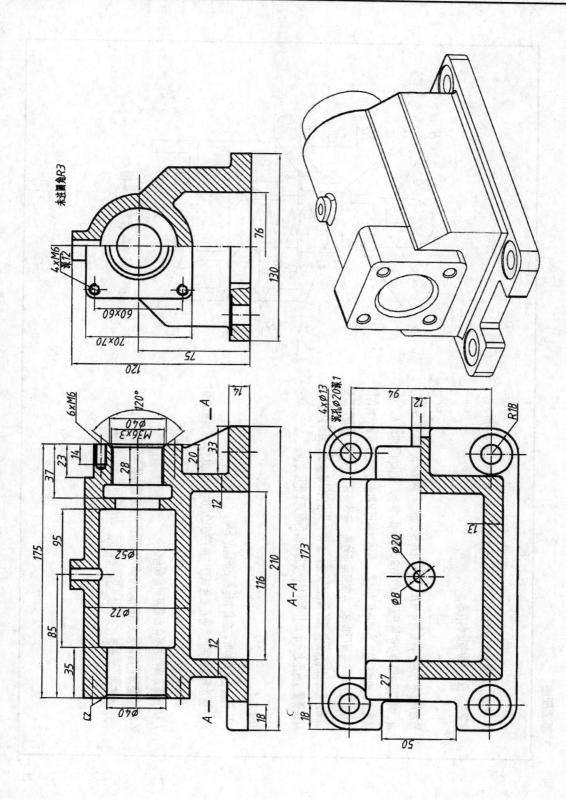

3. 画装配图

作业说明：根据装配示意图和315~316页的零件图，参照如图D-6所示的装配图，图纸幅面和比例自选。

回油阀工作原理：回油阀是液压回路中过压保护的一种部件，由13种零件构成。阀门2在弹簧3作用下通过90° 锥面与阀体2密合，液体由下端流入。右端流出，构成回路。当回路压力过高，液体对阀门2的作用力大于弹簧3对阀门2的作用力时，将阀门顶起。液体经阀门2处入左侧回路流出。调节阀杆5可调整弹簧3的压力大小，从而可以改变回油阀的额定工作压力值。

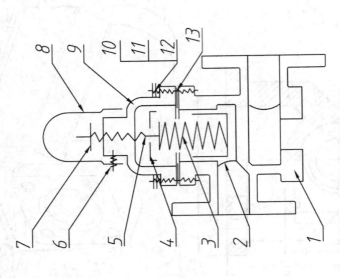

回油阀装配示意图

技术要求：

(1) 阀门装入阀体时，在自重作用下能缓慢下降。

(2) 回油阀装配完成后需经油压试验，在196 000 Pa压力下，各装配面无渗漏现象。

(3) 阀体与阀门的密合面需经研磨配合。

(4) 调整回油阀弹簧使油路压力在147 000 Pa时回油阀即开始工作。

(5) 弹簧的主要参数：外径⌀2.5，节距7，有效总圈数9，旋向右。

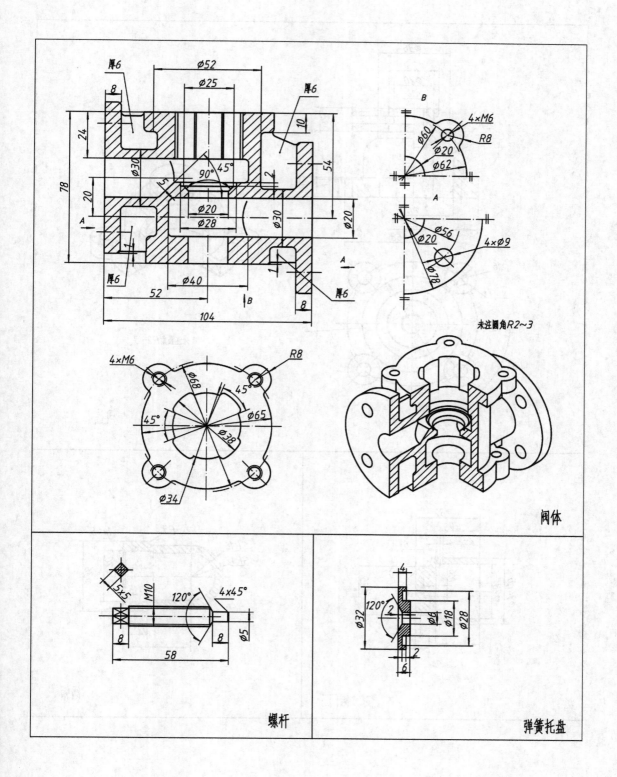

未注圆角R2~3

阀体

螺杆

弹簧托盘

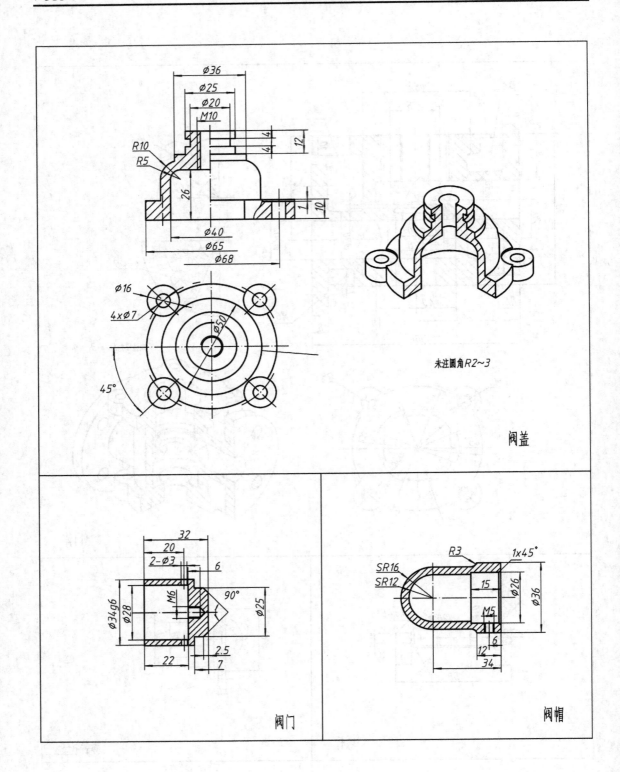

未注圆角R2~3

阀盖

阀门

阀帽

4. 读装配图，拆画零件图

作业说明：看懂"手压油泵"的装配图，并拆画阀体1的零件图。

工作原理：泵体（1）内装有活塞（3），活塞的上部安装手柄（9）和护罩（4），进出油口用管接头（用双点画线表示）与管道连接。操作时，手柄上提，带动连接板（5），使活塞在泵体中向下移动。此时腔内形成高压，润滑油便顶开出油阀（10）的钢球而流出。当手柄下压时，活塞从泵体腔底位置向上移动，此时腔内容积增大，形成真空，出油阀的钢球受弹簧压力而关闭；同时润滑油在大气压的作用下打开进油阀（11），吸入润滑油。如此反复提压手柄，润滑油便被输送到需要润滑的部位。

12	GB/T 65	螺钉 M6×10	4	Q235A	
11	09.08.10	进油阀 M18×15	1		组合件
10	09.08.09	出油阀 M18×15	1		组合件
9	09.08.08	手柄	1	Q235A	
8	09.08.07	销钉	1	45	
7	GB/T 91	销 1.6×10	3	45	
6	09.08.06	销钉	2	45	
5	09.08.05	连接板	2	Q235A	
4	09.08.04	护罩	1	Q235A	
3	09.08.03	活塞	1	45	
2	09.08.02	活塞环	2	3809	
1	09.08.01	泵体	1	HT150	
序号	代　号	名　　称	数量	材　料	备注

手压油泵	1:2	09.08.00
		共 1 张第 1 张

制　图	（签名）	（日期）	（校　名）	
审　核	（签名）	（日期）	系	班

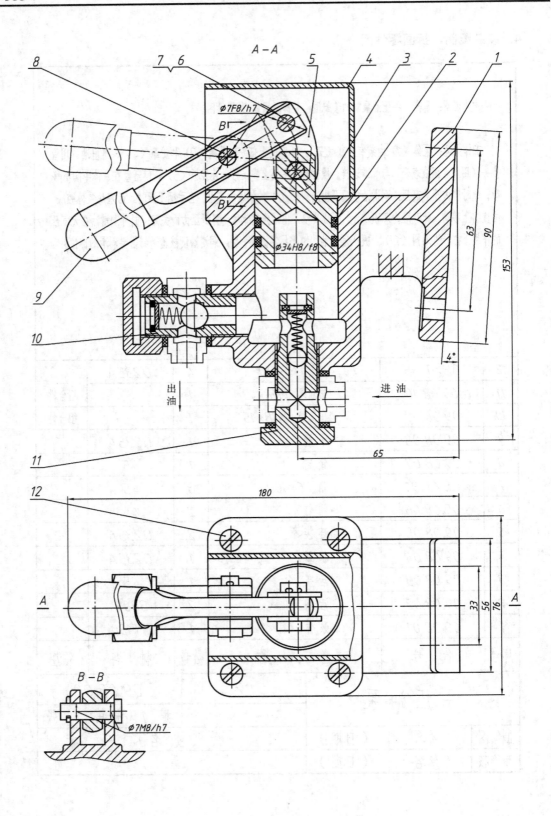

A—A

Ø7F8/h7

Ø34H8/f8

出油

进油

4°

B—B

Ø7M8/h7

5．滑动轴承装配图练习

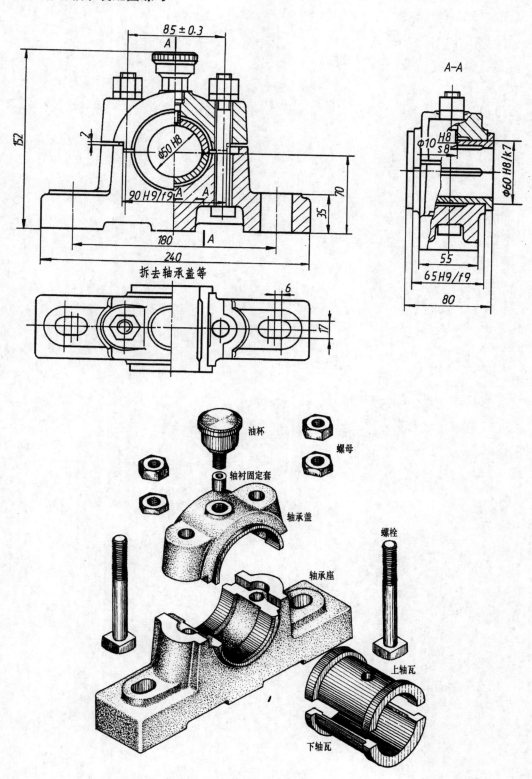

拆去轴承盖等

A—A

85 ± 0.3

152

2

$\phi 50\ H8$

$90\ H9/f9$

180

240

70

35

6

17

$\phi 10\ \dfrac{H8}{s8}$

$\phi 60\ H8/k7$

55

$65H9/f9$

80

油杯

螺母

轴衬固定套

轴承盖

螺栓

轴承座

上轴瓦

下轴瓦